国外景观·环境规划与设计丛书

设计与规划中的景观评估

[加] 罗伯特·布朗　管悦　著
管　悦　译

中国建筑工业出版社

著作权合同登记图字：01－2009－6042 号

图书在版编目（CIP）数据

设计与规划中的景观评估/（加）布朗，管悦著；
管悦译．—北京：中国建筑工业出版社，2009
（国外景观·环境规划与设计丛书）
ISBN 978－7－112－11064－3

Ⅰ．设… Ⅱ．①布…②管…③管… Ⅲ．①景观-
园林设计②景观-环境规划 Ⅳ．TU986.2 TU－856

中国版本图书馆 CIP 数据核字（2009）第 102173 号

Landscape Assessment for Planning and Design：Seeing the Landscape
Again for the First Time/Robert D. Brown

责任编辑：董苏华
责任设计：郑秋菊
责任校对：李志立 关 健

国外景观·环境规划与设计丛书
设计与规划中的景观评估
[加]罗伯特·布朗 管悦 著
管 悦 译
*
中国建筑工业出版社出版、发行（北京西郊百万庄）
各地新华书店、建筑书店经销
北京嘉泰利德公司制版
北京云浩印刷有限责任公司印刷
*
开本：787×1092 毫米 1/16 印张：7 字数：175 千字
2009 年 11 月第一版 2009 年 11 月第一次印刷
定价：**29.00** 元
ISBN 978－7－112－11064－3
（18321）

目录

前言 …… V

致谢 …… Ⅶ

第一章　绪论 …… 1

第二章　景观的组成 …… 3

2.1　景观的演变 …… 6

2.2　地形 …… 15

2.3　气候 …… 20

2.4　水 …… 26

2.5　植被 …… 30

2.6　动物 …… 32

2.7　土壤 …… 34

2.8　社会和文化因素（人类的影响） …… 38

2.9　绘制景观元素图 …… 41

第二章　景观评估的步骤 …… 42

3.1　引言 …… 42

3.2　步骤指引 …… 42

3.3　景观评估的步骤 …… 46

3.4　详细指导 …… 49

3.4.1　记录和汇报观测资料 …… 49

3.4.2　绘制底图 …… 52

3.4.3　决定比例 …… 54

3.4.4　景观单元 …… 56

3.4.5　可能性和适宜性 …… 59

3.4.6　撰写报告 …… 62

3.5 场地勘察报告 …… 67
3.5.1 内容 …… 68
3.5.2 步骤 …… 71

第四章 与设计的结合 …… 73
4.1 依照场地传达的信息设计 …… 74
4.2 实践中应用的原理 …… 75
4.3 不断细化的场地评估 …… 76
4.4 设计理想的生态景观 …… 77
4.5 宗旨和目标 …… 78
4.6 性能指标 …… 79
4.7 设计导则 …… 80
4.8 功能分析图（泡泡图） …… 82

第五章 景观评估范例——西尔兹地产景观评估 …… 83

第六章 结语 …… 101

后记 …… 102

前　言

从你儿时在后院堆堡垒到高中时学习地理课，你大概觉得你已经对景观有了相当的认识。这么说也许是对的，因为这些知识足以让你从一个地方走到另一个地方。但是如果你要成为一名景观设计师，你还有很多东西要学习。当你要设计一处适合于当地生态系统的景观时，理解景观系统是如何形成的，景观中的各个元素是如何相互作用的，以及如何快速有效地学习这些不同的组成元素并把这些知识运用到工作中去就非常重要了。《设计与规划中的景观评估》将引导你认识景观中的不同层面，并且赋予你一双发现景观的新眼睛，好像你第一次看到景观一样。本书中大量、丰富的文字和图像所描绘的知识和过程将使景观设计专业的学生、设计师以及其他相关专业人士大大受益。

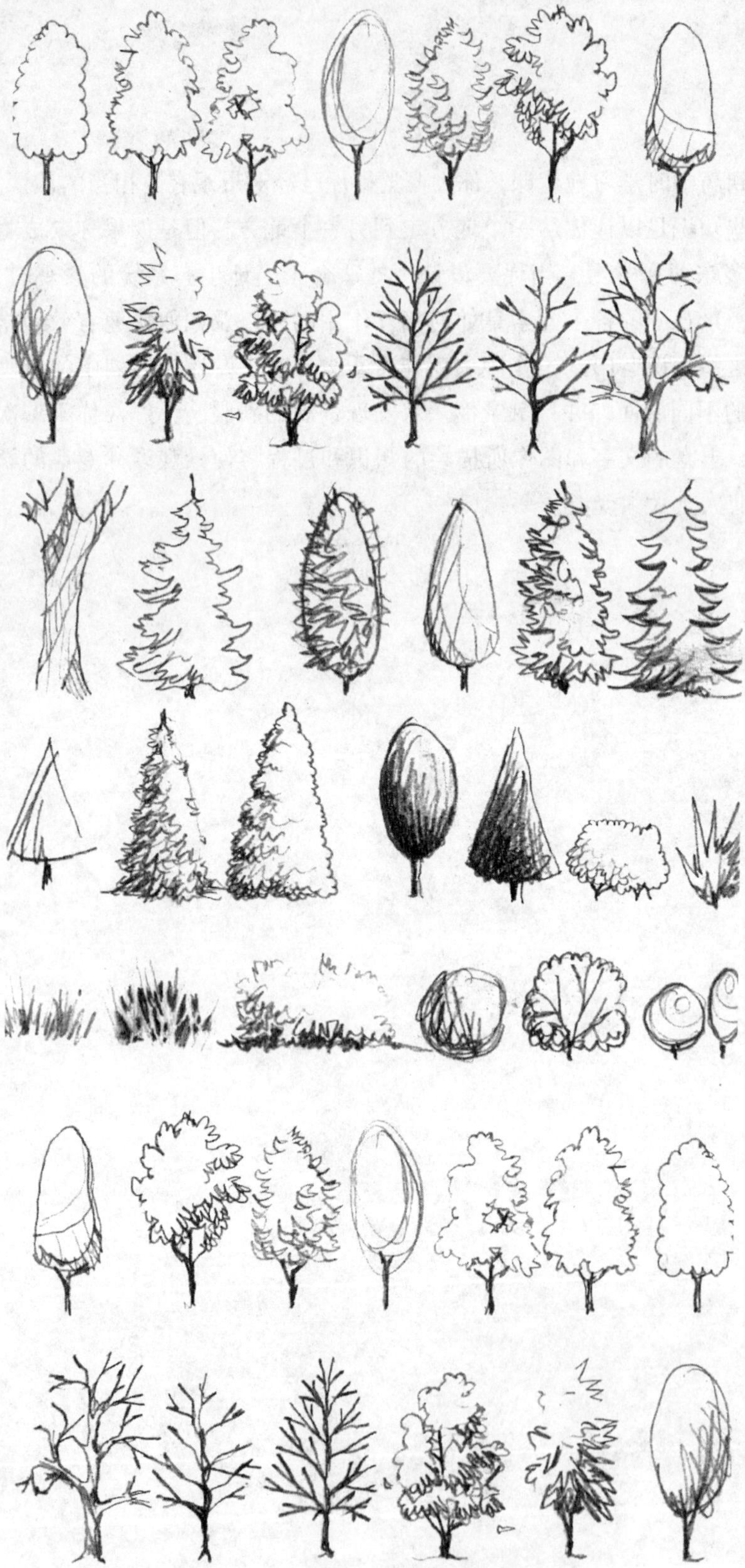

致 谢

我由衷感谢众多为这本书的完成贡献了杰出建议的人们，他们是：杰夫瑞·布朗、罗伯特·可瑞、娜塔莎·肯妮、罗伯特·勒、布兰克、丽安·麦尔本、苏珊·马利、瑞·斯特兹、卓义斯·唐和特瑞·扬。另外还要感谢管悦女士对本书中文版的推出作出的努力。

第一章　绪论

在你的职业生涯中经常会接受委托对场地使用提出建议，把这些建议建立在对场地中各种元素的结构和功能的理解之上是十分重要的。虽然从科学角度讲彻底理解一个场地的生物、物理、社会和文化的内涵是不切实际的，但是识别景观中最关键的组成部分并以此为依据提出恰当的土地使用建议却是切实可行的。场地的一些方面会比其他因素更重要，而一些元素也更容易被设计所改善。有很强恢复能力的一些元素（如沙滩）可以经受人的使用而不会产生负面后果，而另一些元素（如苔藓）却很脆弱，很容易受到损坏。

这本书旨在提供一系列实用和直接的训练指导景观设计师发现、记录和分析场地的基本元素，并以此为基础进行景观设计和规划。因为许多优秀的书籍已经对景观的基本元素及相关理论做了非常深入的阐述，本书只谈及了一些基本的理论。更确切地说，本书提供了一个大纲，勾勒出景观评估需要的内容和步骤，以确保景观设计师不错过重要的信息，并通过识别和图解场地的重要特性来帮助设计和规划。

多年来我花了大量时间在桌边和学生们谈论如何制作场地勘察报告，包括如何记录观察到的信息、绘制底图、撰写报告，如何针对不同的比例需要合成景观单元，进行场地的可能性和适宜性分析。我还将继续和学生们交流这些内容，而学生们在学习本书的过程中将循序渐进地掌握相关的背景和知识。

本书首先梳理了景观中的生态和物理资源，并讨论这些资源如何相互协调构成了自然系统。接下来的部分是对每个资源进行详细论述，尤其强调那些对未来场地的使用至关重要的元素。下面的章节介绍了“景观评估的步骤”作为场地评估的重要组成部分的含义，并提供了一系列步骤的指导，对诸如怎样收集场地数据或者制作底图给予了按部就班的指导。最后一章讨论了运用场地信息进行规划设计的方法。

到了感恩节你会变得如此有学识。当你大嚼火鸡的时候，桌子周围的所有人都会因为你做出诸如“你真应该在南窗前加个更宽的遮阳板，这样阳光在冬天可以照进来而在夏天又被挡住，采暖和制冷的费用大大节省”的建议而感觉你确实学有所成。晚上吃完南瓜饼后，你可能会说“那些拥挤的鼠李树（Rhamnus cathartica）妨碍了那棵枫树（Acer saccharum），我建议最好把鼠李树移走。”

下面，我们就开始吧。

第二章　景观的组成

我们在任何时候都要记住一个重要概念——景观不是静止不变的。自古至今它一直在不断变化，在某些方面迅速，而在另一些方面却缓慢得多。最慢的是土壤的改变，大概每千年只有1厘米的变化。最快的大概可以算是泛滥的河流，它可以在大概几分钟之内把原本蜿蜒的河床冲蚀成U形的湖区。景观规划和设计面临的一项重要的挑战就是要让场地的使用和自然的进程相协调。

你可以学到的最有价值的内容之一就是如何解读景观。每一片土地都可以提供很多线索，如果解读正确的话，我们就能获悉土壤是什么元素组成的，自然产生了什么生态系统等等。这些信息为我们判断场地的使用提供了有价值的基础。

尽管有的时候答案是容易读出的，但很多时候要找出答案是很难的。假定你要在三片用地内找到最适合做住宅开发的那片。第一片很平坦，覆盖有香蒲（Typha latifolia）和柳树（Salix spp.）。但是你发现这是一片湿地，做居住用地会有很多局限。现在看看另外两块可能更难以判断的用地。

对于没有受过训练的眼睛来说，第二块用地只是一片树林。不过如果你学会了运用线索判断就会发现这是糖枫树（Acer saccharum）和美国毛榉树（Fagus grandifolia）。这两种树一般共同生长在土层深厚、排水良好的肥沃土壤中，这说明这片土地很利于做居住用地。接下来你发现用地中每个单位面积上只有几棵树，并且每棵都很大，这说明这是一片成熟的有潜在生态价值的森林，而不只是一些树而已。

第三片用地也是小树林，外围主要是鼠李树，中间是挪威枫树（Acer platanoides）。你的植物知识告诉你这两种树都是非本土的入侵性树种，没有什么生态价值。初步判断这片地最适宜做住宅开发。

学习以上这种解读景观的技巧有一个有效的办法，就是把景观分为不同层次或者组成元素，然后依次研究这些内容。每种组成元素都有主要的指示标志能够揭示一些景观的特点，就像一个枫树和山毛榉的混合林表明有覆盖深厚、排水良好和肥沃的土壤。还有很多类似的特点可以帮助解读景观。

用未经训练的眼睛观察景观就像第一次阅读日文的情形。第一次看日文的时候要看懂是很难的。但是如果把日文分成可以容易理解的元素，就像把景观分解成不同的元素，实际上就没那么难了。

首先你要清楚日语句子并不都是在页面上水平展开的，而大多是从上到下垂直排列的，这样页面就变得可读了些，至少你知道这些文字符号的排列次序。然后要理解一个很重要的信息，日文是由三种字母组成的，每种都有不同特点。开始这些字母看起来都差不多，但是把每个部分分开以后，你就能很容易地发现正在使用的是属于哪类字母。

依次观察这几类字母你会发现三类之中有两类很容易学习和阅读。每种符号表示一个读音，比如 sue 或者 she。其中的一种字母叫片假名，只在 whisky 和 california 这样的非传统的日文中使用。你知道了这个秘密之后，无论何时当你遇到这种字母并读出它来，它的读音肯定类似非日语词汇。一个多么有价值的信息！

另一种字母平假名也是语音字母，它们可以拼读成许多普通日语字。我最早认识的两个字母，一个读起来像 sue，另一个像 she，它们合起来出现在牌匾上就是我最喜欢的午餐店——寿司店。

虽然要精通日语需要相当长的时间，这些基本的知识可以让一个西方人很容易和舒服地在日本生活。当你需要更多细节的时候，可以请一个日本人做翻译帮你理解更深入的内容。

解读景观和阅读日语很类似，你可以很容易地学到很多种自然界的“字母”，让你认出其中的大关系并找到脉络。到你需要更详细深入的内容时，可以请地貌学家、土壤学家等各种专家来帮忙。

下面的一章将介绍景观中的不同“字母”——地貌、气候、水、植被、动物和土壤。最开始将讲解它们是如何组成在一起的（就像学习日语是竖行排列的并由三种字母组成）。然后就是对每一种资源的详细讲解，类似学习 sue 或者 she 以及如何在牌匾上认识它们。

2.1 景观的演变

和地球上许多地区相比，加拿大的大部分景观都很“年轻”。覆盖加拿大几乎全部领土的大陆冰川在6000—10000年前重新塑造了大地（图1）。冰川前的地貌、植被和动物几乎均遭替代或毁坏。当冰川融化后在地表形成了一个全新的地层。气候和新的地貌共同作用形成了新的局域气候，使某些植物和动物可以生存。地貌、植物和动物的相互作用导致了不同土壤的发展变化。人类对加拿大景观的影响从冰川时期开始出现，并随着时间的推移不断加剧。

正如它们形成的基础一样，几乎所有加拿大土地都经历了地理或者冰川过程，在这个过程中许多物质沉积到地表（图1*a*），这就形成了可以识别的景观形式。这有点像你的宿舍非常凌乱时的样子。某个早上，当运动鞋、压扁的啤酒罐和长裤扔了一地的时候，半夜里从床上滑下来的被单盖住了这些东西。虽然它们都被盖住了，你仍然可以看出那里是运动鞋（有坡的小山，一端陡峭）、啤酒罐（站着的话像陡峭的山，躺着的时候像低矮的圆山），还有长裤（褶皱的山峰，没有特殊的式样）。这和景观中可以看到的形式很相似。杂乱的冰川留下了我们叫做冰堆丘的一端陡峭的低矮坡地，一旦你学习了如何认识冰堆丘你就可以识别它们了。

冰川沉积形成的地形在气候和水的作用下形成了供不同的物种生存的微环境（图1*b*）。接着上面的被单的例子，想象把你的台灯挪到房间的一角。正对灯光的被单坡面会很亮，而其他面很暗。假定你的宠物鼠从笼子里跑了出来成了“溜达鼠”，如果它爱睡懒觉（因为它整晚都在轮子上跑），当你把台灯打开的时候，因为还想睡觉，宠物鼠就会跑到背光的一面去，以免被晃到眼睛无法继续睡觉。如果你还有一条自由的蛇，它可能更喜欢早早醒来，爬到向光的一面躺着，让灯光把自己的身体照得暖洋洋的。

图1 景观

This series of drawings illustrates how: (a) the overall shape of most of the land in Southern Ontario was formed by glaciers about 6,000 years ago, (b) these landforms interacted with climatic elements of solar radiation and rain, creating some environments that were cooler and moister (slopes facing to the north), and some that were warmer and drier (slopes facing to the south), (c) different kinds of vegetation prefer different kinds of heat and moisture conditions, so different kinds of plants grew on the north-facing compared with the south-facing slopes, (d) similarly different species of animals inhabit the north-facing compared with the south facing slopes, (e) different kinds of soils formed on the different slopes and orientations, and (f) humans have had a substantial impact on virtually all aspects of the ecosystem.

这一系列图片表现了：

(*a*)安大略省南部的地形是6000 年前的冰川形成的；

(*b*)这种地形结合气候条件（日照和降水），造就了或凉爽湿润（北坡）或温暖干燥（南坡）的环境；

(*c*)不同植物适应不同的温度和湿度条件，所以南坡和北坡有不同的植被；

(*d*)不同动物也选择不同的栖息地（南坡和北坡）；

(*e*)土壤形成于不同的坡度和朝向的环境中；

(*f*)人类活动对生态系统影响涉及所有方面。

Notes:

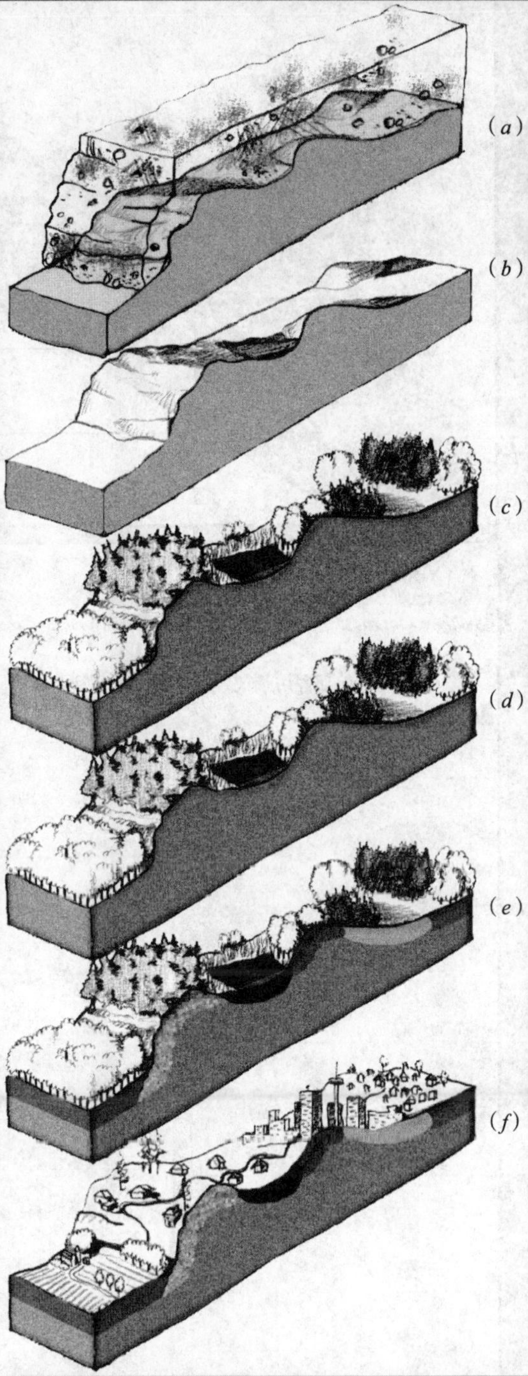

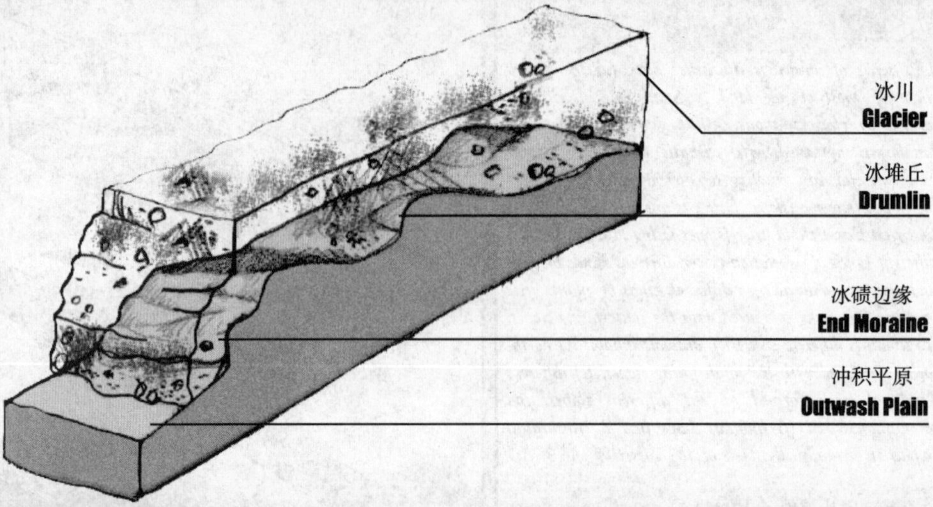

图1（a） 冰河作用

Southern Ontario was covered by a glacier that formed most of the landforms we now see.

安大略省南部曾由形成今天地形的冰川所覆盖。

Notes:

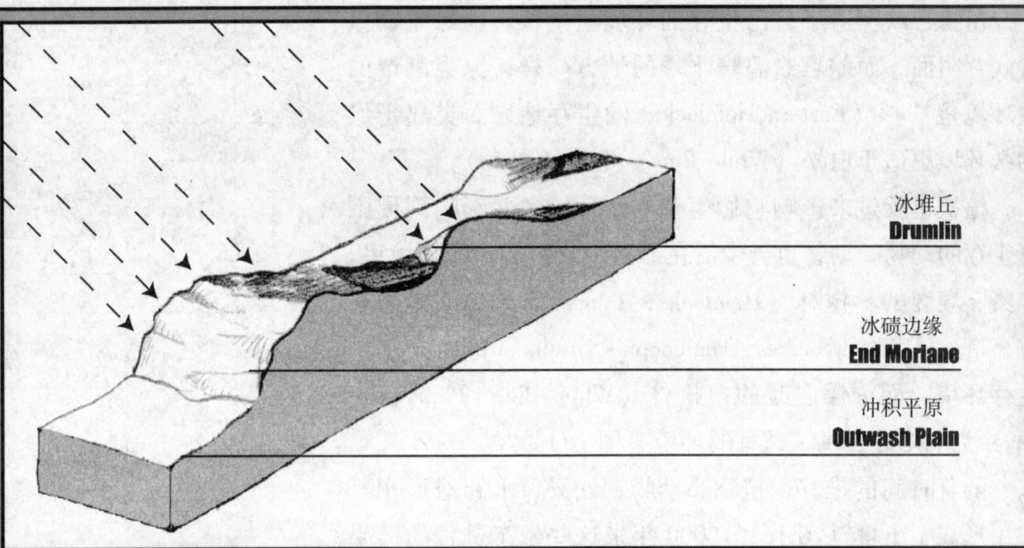

图1（b）　地形

Landforms created by glaciers have distinctive characteristics, and capture solar radiation in different ways.

冰川所形成的地形有鲜明的特点，能够以不同方式吸收太阳光。

Notes:

植物喜欢在适于自己生存的环境里生长。就像宠物鼠喜欢背阴面，而蛇喜欢温暖干燥的地方一样，凉爽潮湿的微环境是铁杉（Eastern Hemlock）的生存地，而炎热干燥的微环境更适于白松（White Pine）生长（图 1*c*）。

植被也反过来影响它们生存的微环境，并影响到周围可生存的动物。动物也会生活在最满足它们需求的环境里。凉爽、潮湿的杉树林（Hemlocks，Tsuga Canadensis）为东方嘉塔蛇（Garter Snakes，Thamnophis sirtalis sirtalis ）提供生存环境，而干燥温暖的白松林（White Pine，Pinus strobus）为响尾蛇提供了适宜的环境（图 1*d*）。

随着时间的推移，植物、动物、气候、水和地形相互作用形成了土壤（图 1*e*）。6000 年来这些生态进程的结果造就了一系列动态的生态系统。在这个系统中，生态结构和进程相互作用着并保持动态的稳定。

人类在景观的 6 种生物和物质的组成元素中（地形、气候、水、植物、动物和土壤）活动，创造了景观中的社会文化部分（图 1*f*）。在大多数地区这些人类活动与其他景观元素的相互作用始于土地形成后不久，但是直到近 1000 年到 2000 年前人对自然界的影响都和动物的影响没什么差异。然而，在过去的 1000 年上下，人类对环境的影响越来越大，已经超过了所有动物，人因此常常被认为已经与自然界分离。

景观设计师的主要任务是为土地使用提出合理的建议。这些建议会受到经济、政治、功能、社会、文化、美学及其他许多方面的影响。无论如何，任何土地使用建议都应该建立在场地自身的生物和物质的基础之上，这样才能使场地未来的使用顺应自然进程而不是反其道而行之。

现在你对整个景观系统是如何构建起来的有了一个总的认识，下面我们对每项内容做详细的分析。

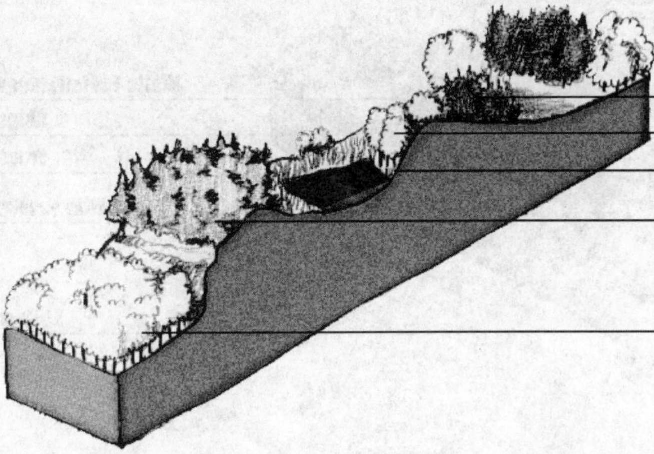

图1（c）　植被

Plants will tend to grow in microenvironment that best meet their needs. White Pine trees are often found on dry south-facing slopes while Hemlock are often found on moist, north-facing slopes.

植物喜欢生活在最适于它们生长的环境里。白松大多生长在干燥的南坡而杉类多生长在潮湿的北坡。

Notes:

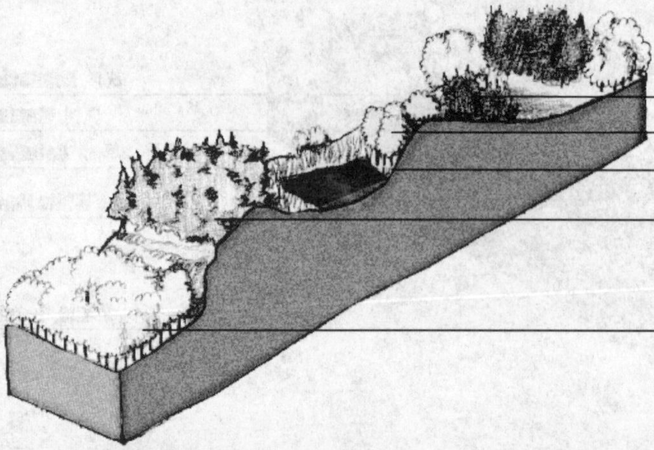

图1（d） 动物

Animals in the landscape tend to live in the ecosystem that best meets their specific needs. Some species require moist, shady environments while others prefer dry, sunny landscapes.

动物喜欢生活在最能满足它们生存需要的生态系统里。一些物种需要潮湿、阴暗的环境，而其他的喜欢干燥有阳光的地方。

Notes:

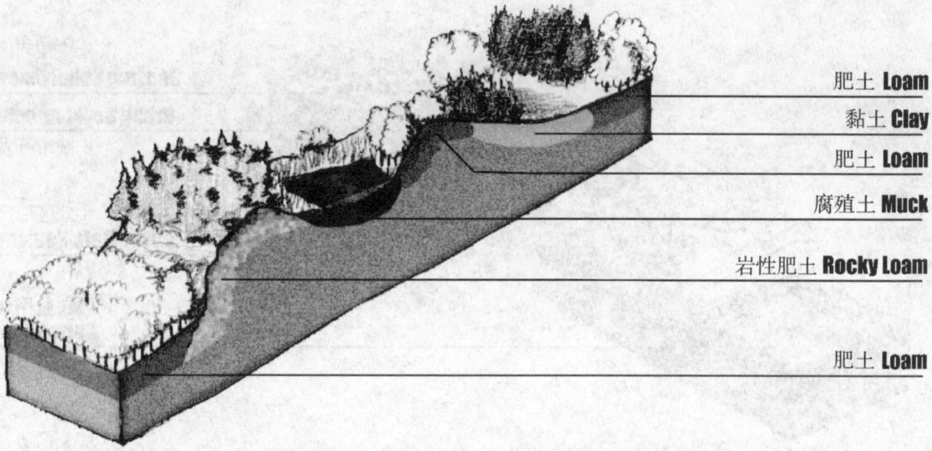

图1（e）　土壤

The type of soil found in each microenvironment is a function of the landform, microclimate, and vegetation over a long period of time.

每个微环境中的土壤种类都是长期以来地形、微气候和植物的共同作用的结果。

Notes:

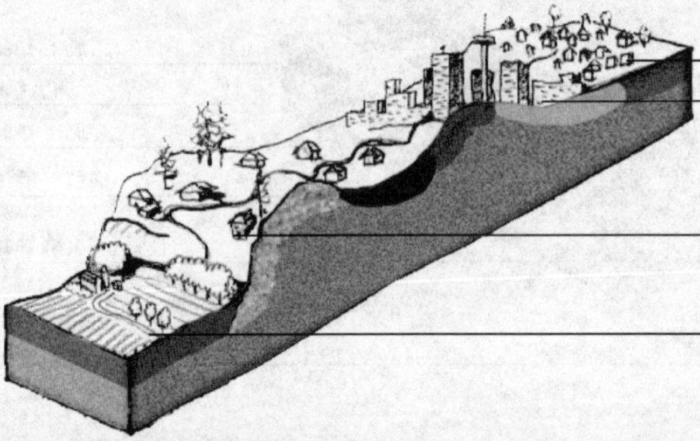

图1（f） 人类的影响

Human use of the landscape is affected by the various characteristics. For example, it is much easier to build roads and cities on flat outwash plains than in rocky moraine.

许多因素影响人对场地的使用。比如，在平坦的冲积平原上建造道路和城市比在多石的冰碛上要容易得多。

Notes:

2.2　地形

今天活着的人不可能记得安大略省南部的陆地在形成之初是什么样子。科学家们运用了很多有力的证据证明安大略省南部的大部分地形是在距今6000到10000年前形成的。在那个时候加拿大的大部分地区被一块巨大的若干公里厚的冰川覆盖着。虽然这很难概念化，但你可以想象一大桶结实的果冻被倒在加拿大地图上（图2）。如果你用手压在这一堆果冻的中间部位，许多果冻就会被挤到边上。这个过程就和在安大略南部陆地发生的变化过程很类似，虽然那个过程要缓慢得多。当果冻在地图上被挤压移动的时候，会粘附许多地图上的尘土和其他物质，并携带这些杂质到其边缘。当冰川在地表移动的时候，也会携带许多地表的物质，最后将它们沉积到冰川的边缘。

现在想象你正在挤压果冻，你把一个发热的灯放在果冻旁边。边缘附近的果冻会融化，而所有那些被粘附并移动的杂质就沉积在地图上，或者被融化的液体带走。这就和在安大略南部陆地发生的变化过程很类似。融化的冰川会把它曾经裹携的物质沉积下来，或者将这些物质带到其他地方再沉积。

水通过流动可以携带很多物质。速度越快，它能带走的物质就越多越重。当冰川的融水流过陡峭的地区时，它可以带走几乎所有大小的物质；而当融水到达平缓的地区时它的速度会缓慢下来（图3）。最重的物质会最先被沉积下来，然后是次重的，以此类推。这也就是为什么我们经常看到许多地区的地形是由相同大小的材料组成，比如一个地区纯粹由沙砾组成。

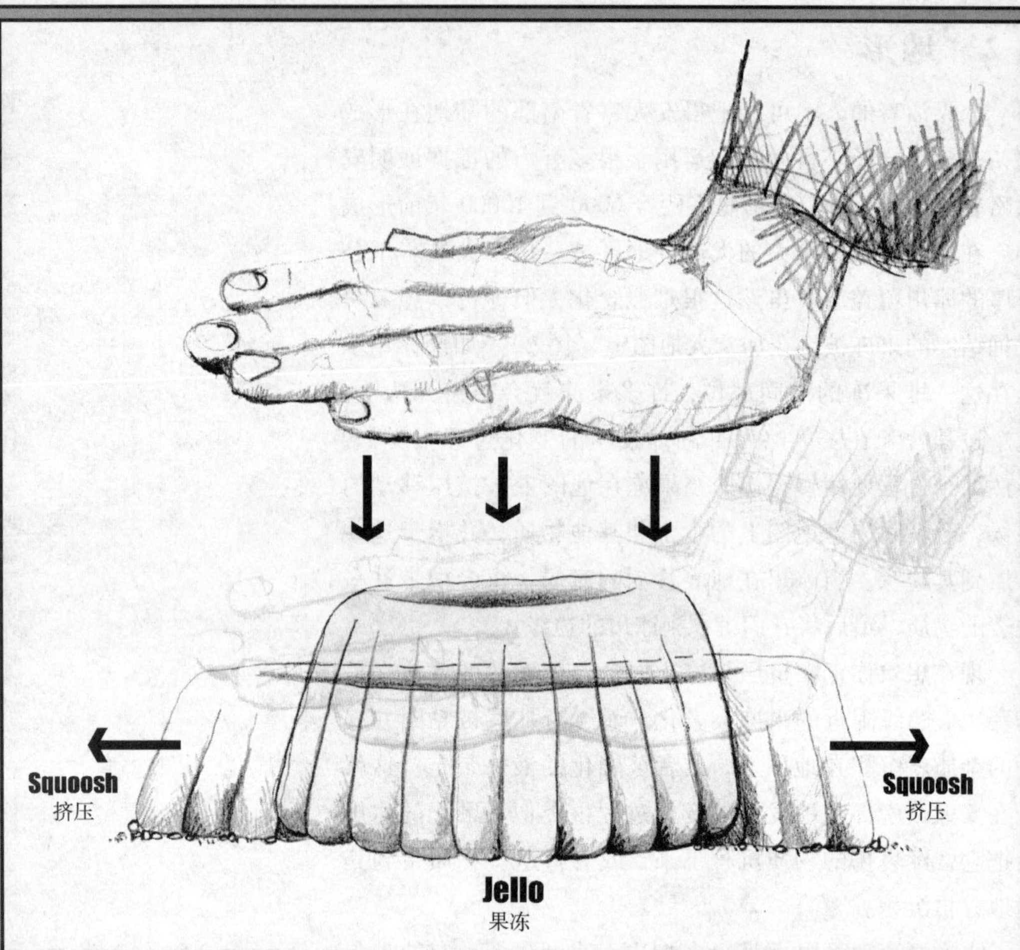

图2 果冻的相似性

The way that glaciers moved across the continent was similar to the way that a pile of jello would move if placed on a horizontal surface. The weight of the glacier forced it to flow out at the edges, similarly to the way that jello would flow out the sides if you placed your hand on top and pressed down gently.

冰川在大陆上的移动和果冻在水平面上的移动方式很类似。冰川自身的重力使其向边缘以外流动，就像你把手轻压在果冻的中间部位它会跑向四周一样。

Notes:

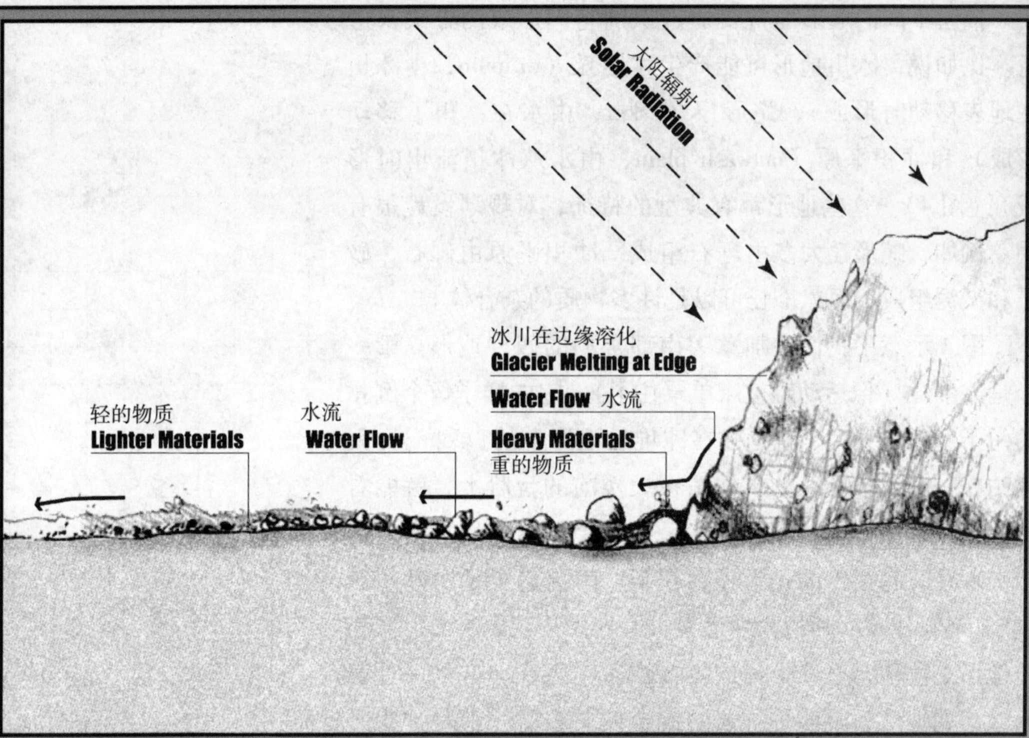

图3 冰川的融水

As the glacial ice melted at the edges, the water flowing away from the glacier would carry with it the materials that the glacier picked up fro the surface of the land as it traveled. This was typically a mixture of all kinds and sizes of material. The faster the water is moving the more material it can carry. When heavily-laden, fast moving water is slowed down, such as when if flowed onto a flat landscape, the heaviest materials would be dropped first. As the water continued to slow, more and more materials would be left behind until when the water pooled it would be carrying only the finest clay particles, which would slowly precipitate out.

当冰川的边缘开始融化时，融水会带走在冰川移动时裹携的地表物质。一般来说这些被携带物是不同大小的各种物质的混合体。融水流速越快它能带走的物质就越多。当负载了很多物质的水缓慢下来，例如当它流经平坦的地表时，最重的裹携物会最早沉积下来。如果水流继续放慢速度，越来越多的物质会被留下，直到只剩下非常细的黏土颗粒慢慢地沉淀下来。

Notes:

描绘不同的地形通常要通过识别它们形成的方式来进行。比如说，冰川地形可能产生冰堆丘（drumlin，由冰川在地表移动时形成）、蛇形丘（esker，由水在冰川下移动形成）和冲积平原（outwash plain，由水从冰川流出时形成）（图4）。这些地形都有典型的特征，对规划设计很有用。例如，蛇形丘大多由砾石组成，冲积平原由砾石、砂子和淤泥组成，而冰堆丘可以是许多物质的杂合体。

图4示意了我们在加拿大南部常见的四种地形。第一个是冰堆丘（像运动鞋被床单罩住了），它的样子像个倒扣的勺子。圭尔夫大学就是建在冰堆丘地形上的。Johnson大楼站在一个丘顶上，如果你站在大楼前的台阶上，就能看到下一个冰堆丘Dairy Bush山。第二个图示的地形是蛇形丘。现在只有很少的蛇形丘存在了，因为它全部由砂子和（或）砂砾组成，所以大多已经被开挖用作建筑材料。第三个地形是冰碛，就好像你的睡衣被床单盖住。这是一种表面皱褶的地形，是多种物质的混合体。最后一种是冲积平原。这种地形非常平坦，排水很好，因此非常适合人类的开发使用。如果你开车从圭尔夫大学沿Gordon大街向南，你会经过一片冰堆丘地段，穿过一片冲积平原，最后爬上一片冰碛区。

解读景观的首要步骤之一就是识别地形。尝试透过植被、建筑、道路等表面现象去发现其基本的地形情况。它是否像床单下盖住的运动鞋？那可能是个冰堆丘。它是像床单下蜿蜒爬行的蛇——蛇形丘，床单下的睡衣——终端冰碛，还是光秃的地板——冲积平原？

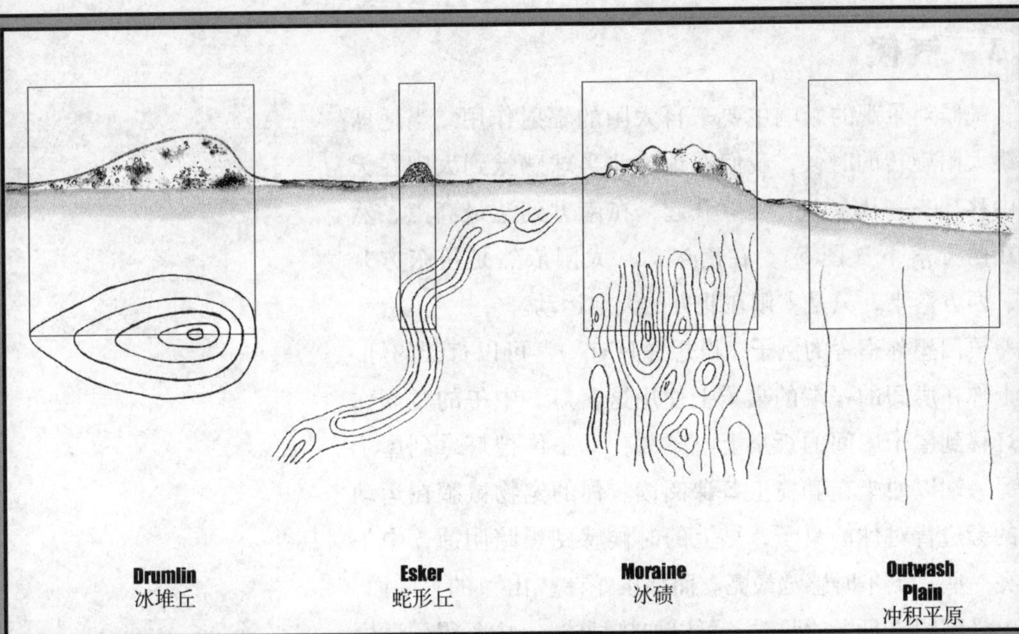

图4 地形结构

Here are four glacial landforms that we typically find in Southern Ontario. The first one is a drumlin and is shaped something like an upside down spoon (without the handle). The University of Guelph is built on a field of drumlins. If you stand in front of Johnston Hall and look across Gordon Street to the Dairy Bush Hill, you can see that it is a drumlin. You might also recognize that you and Johnston Hall are standing on another drumlin. The second from illustrated here is an esker. It is made almost entirely of sand and/or gravel, and for that reason most of the eskers in Southern Ontario have been completely removed to be used for construction materials. If you want to see part of an esker, there is part of one in Brown's Woods on campus. The third form is a moraine. This is the material deposited at the front edge of a glacier. It is a mixture of materials and tends to be 'rough' land. Drive south of campus on Gordon Street, and just as you reach Clair Road you drive up the face of a moraine. The fourth landform is an outwash plain. These areas tend to be good places for all kinds of human uses, including agriculture and settlement. If you drive south from Campus on Victoria Road and turn left on Arkell Road, you will be able to see a line of hills to your right (the moraine) and you will drive over a flat area that continues ahead and off to your left. This is an outwash plain, where the waters flowed off the moraines and spread out onto the landscape, depositing materials as it's velocity slowed.

这里是四个我们在安大略南部常见的地形。第一个是冰堆丘，它的样子像个没有柄的倒扣的勺子。圭尔夫大学就是建在冰堆丘地形上的。如果你站在Johnson 大楼的前面穿过Gordon 大街看Dairy Bush 山，你会发现它是个冰堆丘。同时你会认识到你和Johnson 大楼站在另一个冰堆丘上。第二个图示的地形是蛇形丘。它几乎全部由砂子和（或）砂砾组成，因为这个原因安大略南部的大部分蛇形丘都已经被开挖用作建筑材料。如果你想看到部分的蛇形丘，在学校的Brown 小树林中可以找到一部分。第三个地形是冰碛。它由在冰川前缘堆积下来的物质组成，是粗糙的混合体。如果你开车沿Gordon 大街向南，当到达Clair 路的时候你面前就是个冰碛地形。第四个是冲积平原。这种地形几乎适于人类任何形式的使用，包括农业和居住。如果你开车沿Victoria 大街向南并在Arkell 路左转，你会看见你右手一侧有连绵的小山（冰碛），而在你前方并以左边为边界的连续平坦的地区就是冲积平原，是从冰碛流出并随流速的下降在地表沉淀而成的地形。

Notes:

2.3 气候

气候对景观的影响主要来自太阳的辐射作用。当地球围绕太阳旋转的时候，我们在地球北半球感觉到太阳在天空中移动——从东方的天空升起，在南方到达最高点，然后在西方落下（图5）。在南半球，太阳依然是从东方升起、西方落下，只是太阳在北方的天空运动。

再回想你宿舍的例子，设想你只有一盏可以打开的灯。早上你在房间的一端的桌子上使用这盏灯，中午的时候你把灯移到屋子中间的饭桌上吃午餐，下午你把灯拿到屋子的另一端以便坐在躺椅上备课阅读。你的宠物鼠躺在运动鞋的旁边背对你的桌子，早上的时候感到黑暗阴凉，中午时亮一些，下午时感觉最亮。而那条蛇在“山”的另一面，早上受到明亮日光的照射（可以加热身体），中午得到适度的照射，下午就在阴凉区了（因而不会过热）。不同的动植物在一天中对光照有不同的要求，因此它们在自然界中占据不同的生存地区。通过了解在不同时间太阳的位置、场地的坡度和坡向，你就能知道哪些物种更可能占据自然中的不同地段。你也可以运用这个知识在景观中创造动物栖息地。

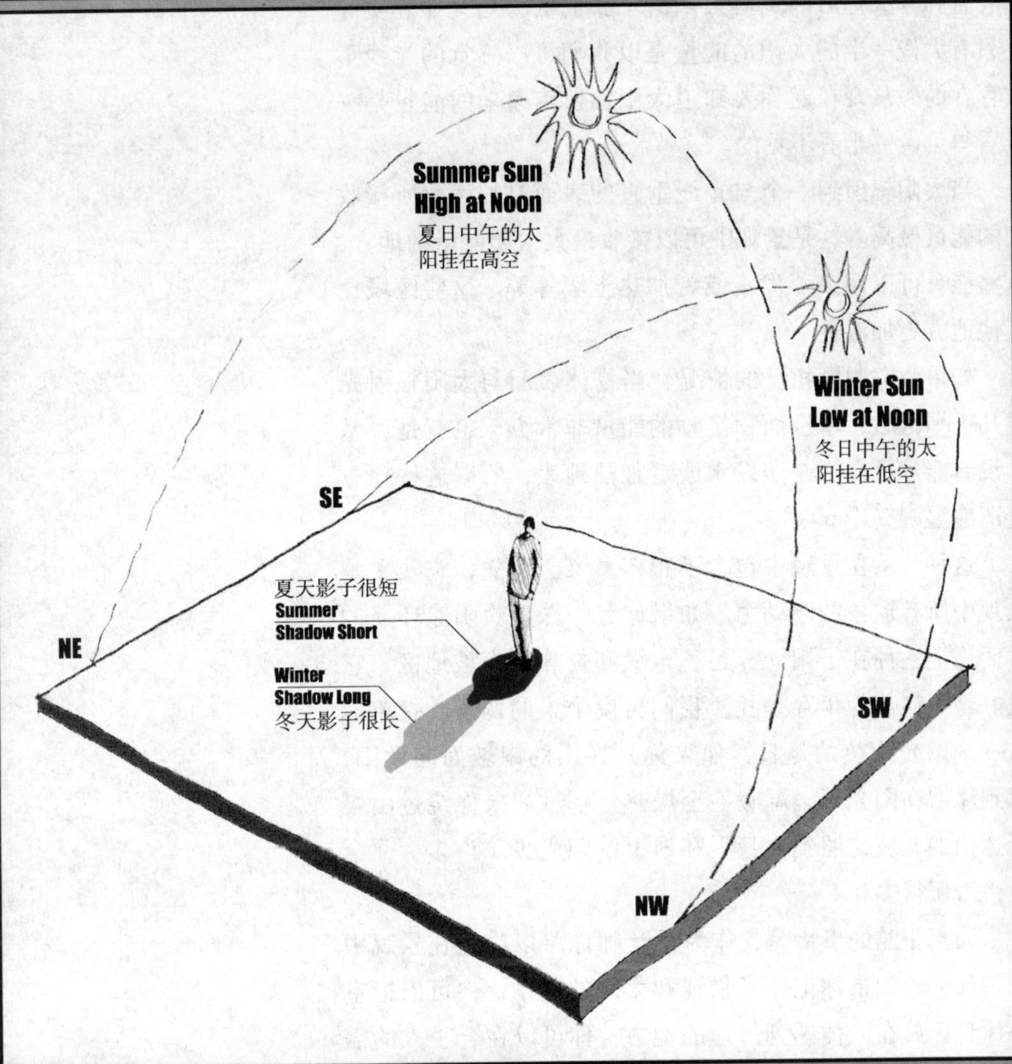

图5 太阳的角度

The sun moves in very predictable paths through the sky. In winter the sun rises in the southeast, and sets in the southwest without ever rising very high above the horizon. In summer, the sun rises in the northeast and sets in the northwest, and during midday is very high in the southern sky.

太阳在天空中以可预见的轨迹运动。冬天它从东南方升起，不会在地平线以上升起很高，在西南方落下。夏天太阳从东北方升起，日中时升到南部天空中很高的位置，然后在西北方落下。

Notes:

直到今天你可能觉得太阳给予我们的只是光照。实际上只有大概一半的太阳的能量是以我们可以感觉的光线形式存在的。从现在起你要知道太阳辐射传递来的能量是一半看得见、一半看不见的。

当太阳辐射到一个与光线垂直的表面时，表面所接收到的能量最高。这是景观中可以接收最大太阳能量的地方，这些能量可以用来蒸发水或者加热土壤等等。这些区域比其他地方更加温暖干燥。

如果我们假设相反的情况，当物体表面与太阳辐射光线几乎平行时，单位面积接收的能量非常少。也就是说基本没有能量可以用来蒸发水或者加热地表，所以这些地方更清凉湿润（图6）。

这种关系在景观中包含了很多意义。首先，它几乎是景观中所有现象的驱动力。如果你有一株喜欢阴凉环境的树而你把它种在了阳光充足、干燥和炎热的南坡地区，它只好经历痛苦的生存挣扎。我们再说个人的例子。想象你在一个阳光灼热的夏日，如果你站在山的南坡面向太阳，感到沐浴在阳光下，温暖甚至燥热。不过如果你绕过山梁到达山的北坡，照到你身上和地上的阳光少了许多，你会觉得舒服得多。

而真正酷的事情是，作为设计师你可以决定在景观中放置什么。如果你记住了景观和太阳的关系，你可以把室外休息区放在人体感到舒适的地方。你可以在合乎人的需求的地方种植树和灌木。

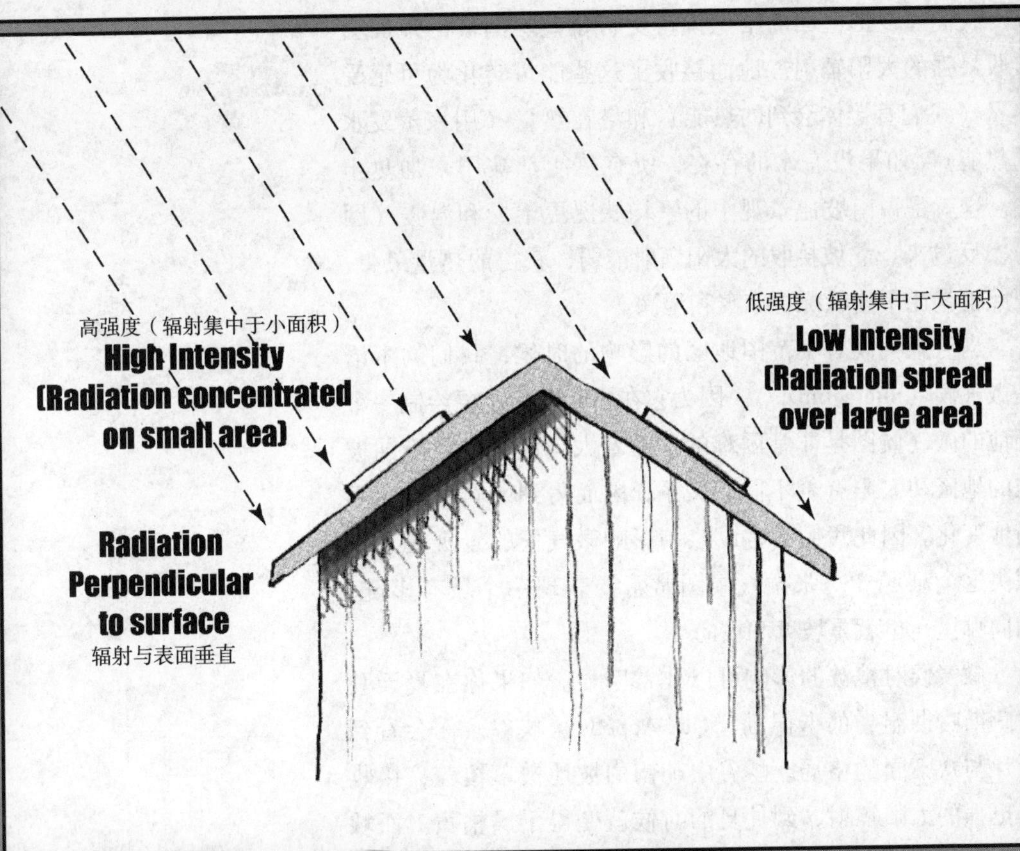

图6　太阳光的强度

The more nearly the rays of the sun are to perpendicular to a surface, the higher the intensity of the radiation.

太阳光线与物体表面的夹角越接近于垂直，光照的强度就越大。

Notes:

我们可以把上面的结论说得更科学些。南坡的地面会接收最强的太阳辐射。地面接收了这些能量转化为可感受热量（我们直接体会到的热能）和潜在热量（用来蒸发水的热能）。如果没有水的存在，所有热能都被用来加热土壤。这就是说南坡比景观中的平均状况更干燥和温暖（图7）。反过来，北坡接收的太阳辐射最弱，获得的热量最少，因此也就比平均状况更凉爽和湿润。

当讨论气候对小范围地区的影响的时候，我们的术语是微气候（microclimate）。因为它在不断变化，要绘制一个场地的微气候图是非常困难的。随着太阳的运动，不同坡向的地区和太阳有着不同的关系，因而得到的热量也在不断地变化。因此我们常常以绘制影响微气候的景观元素来解决这个难题。一张微气候图常常要表现一个坡有多陡，朝向哪里，也就是坡度和坡向。

微气候对植被的影响可以非常明显。如果你在夏天驶过萨斯喀彻温省的卡佩勒（Qu'Appelle）峡谷，你会看到一片与众不同的格局。峡谷中朝南的坡地被草覆盖，接收了更强的太阳辐射，到仲夏的时候就变得干燥枯黄。而峡谷中的北坡接收了较少的太阳辐射，整个夏天都被绿树和灌木覆盖。较少的太阳辐射使北坡更凉爽和湿润，因此利于树木和灌木的生长。

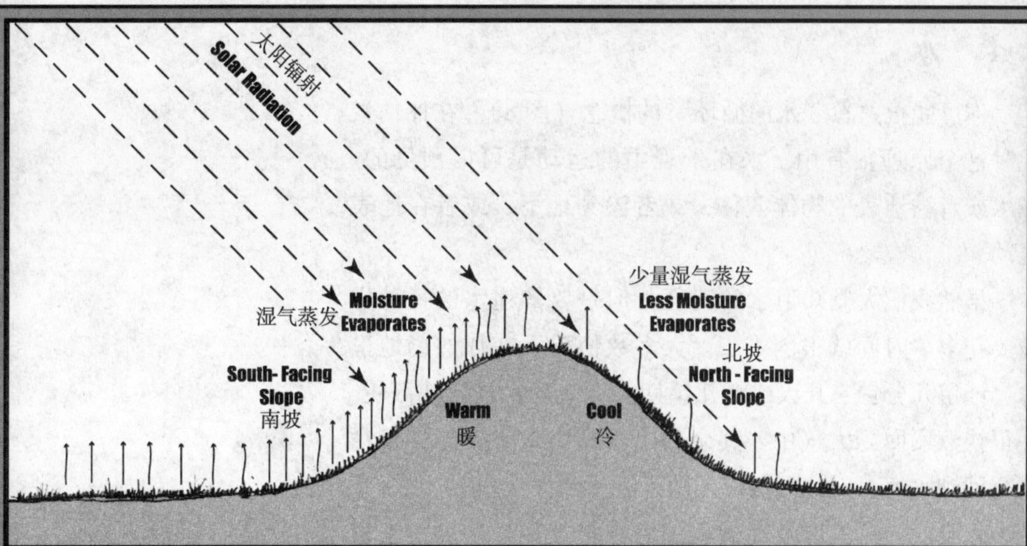

图7 坡的作用

Slopes facing to the south will be more nearly perpendicular to the rays of the sun, so will receive a higher intensity of radiation and will be hotter, thus causing more moisture to evaporate, and consequently are drier than flat areas. Similarity, north-facing slopes will be far from perpendicular to the rays of the sun, so will receive less intensity of radiation and will be cooler and moister than flat areas. The slope and orientation of the land has a substantial impact on all other aspects of the landscape.

南向的坡与太阳光的夹角更接近于垂直，因此南坡可以接收更强的太阳辐射变得更热，水分也更容易被蒸发，所以说南坡比平地更干燥。类似的，北坡与太阳光线的夹角离垂直最远，接收的太阳辐射更弱，因此比平地更凉爽和湿润。地表的坡度和朝向对景观的其他方面有重要的影响。

Notes:

2.4 水

你可能很熟悉“水的循环”的概念（图8）。在评估景观时这个原理很有用。水在景观中的运动是可以预见的。降水或者被地表的物体截住，或者渗到地下，或者在地表流动。

虽然我们大概知道水的路径，但是要知道水的每种旅途要花多少时间就很困难了。大多数情况下在你的场地里水会停留几分钟、几天或者几星期。有些降水被树叶截住，并很快蒸发回到大气中。其余的降落到大地上，经过长途旅行回到大海，而且可能很久都不能回到大气中。

水会流向哪里以及在景观中怎样被使用，是决定动植物生活在哪里的主要因素。土壤的类别和坡度会影响水流入和流出的多少。含有大部分黏土的土壤很快就会饱和，因此大部分水会流走。相似的，压实的土壤也不容许太多的水分渗透，沥青和混凝土等不渗透的表面就更不行了。没有排水口的低地会很湿润甚至湿透。景观中水和土壤有密切的关系。水在轻质土壤中很容易渗透，在硬质土壤上就不成。

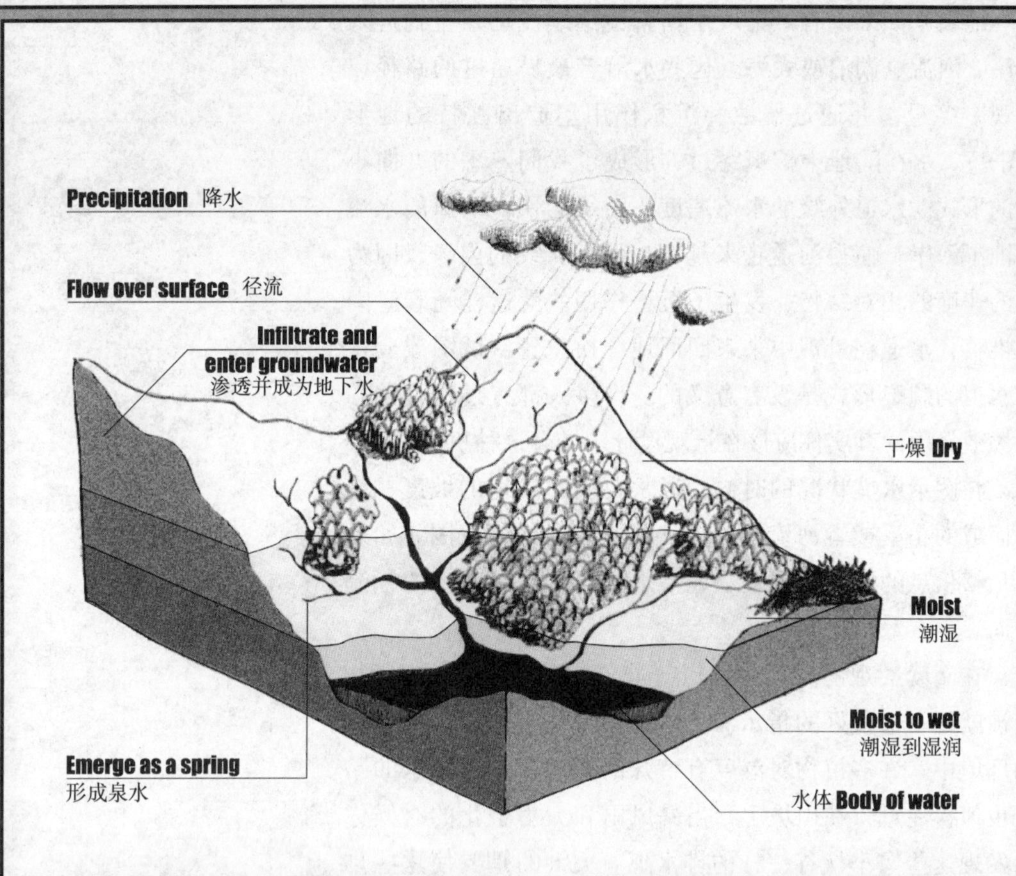

图8 水的循环

You probably studied the 'hydrologic cycle' at some point in your schooling. Now you will be able to put this concept to good use. All water that reaches the surface via precipitation has to go somewhere. Some of it will evaporate back into the air, some will enter the ground, and some will run off. The water that runs off is normally of most interest to us. As it flows over the surface it can erode soil, carry pollutants (such as oil that has dripped from cars, or herbicides that have run off lawns, etc.) and deposit them in rivers, lakes, and groundwater. Where the moisture flows to, and how it is used by the environment, is a major determinant of which vegetation and animals will live in various places.

你以前在学校里一定学习过“水的循环”的原理。现在你就可以运用这个概念了。所有降水在到达地面之后都必须流向某处。一些降水通过蒸发又回到大气中去，一些水渗到地下，而其余的则会流走。通常我们最感兴趣的是那些在地面上流动的水。当水在地表流动的时候会侵蚀土壤，携带许多污染物（例如汽车滴下的汽油或草坪上剩余的杀虫剂），并把它们沉积在河流或湖泊里，或者地下水里。潮气的流向以及它如何被环境利用，是决定动物或者植物生存的最主要因素。

Notes:

地表水如果没有聚集成水塘就会继续流动，直到进入小溪、河流、湖泊或大海。这些水沿着最易通过的路径在景观中穿过，并通过侵蚀和沉积作用塑造出独特的地形（图9）。水在陆地中蜿蜒穿过，形成了我们熟悉的九曲小溪的形式。水道外缘的水流速度比内缘的快，快速的水流侵蚀了河岸，使得河道越来越宽；而在弧线的内缘，因为水的速度的相对缓慢，发生了沉积作用。就这样随着时间的推移，水道在景观中来来回回地变换位置。试图改变这种水道的蜿蜒形式是没有意义的。许多人都有过刻骨铭心的失败经历。其实你应该在景观设计中结合这种机理。

在图示水文状况的时候，通常要表达坡地的坡度、聚集而成的小溪或者河流的位置、湖或者湿地的范围。如果有足够信息的话，还要表示地下水的深度和地表水的径流方向。

在阅读景观的时候你可以寻找许多和水相关的线索。植被就是一个很好的指示器。植物都生长在适于自身生存的环境中。许多植物对湿度有特殊的要求。自然排水的路径也值得注意，在山坡上，当暴风雨和大雪融化的时候你会发现这些像小峡谷一样的排水道。关键的是要使这些排水沟畅行无阻，所以说这些排水道区域是不能建房的。你还得注意那些比周围更绿或者更枯黄的范围。有时你能在场地里、卫星图片或者航拍照片里发现这样的区域。郁郁葱葱（绿色的）的地区通常水源充足，枯黄（褐色）的区域往往是水源匮乏或者受限制。这些都是选择一个地区植被品种的重要依据。

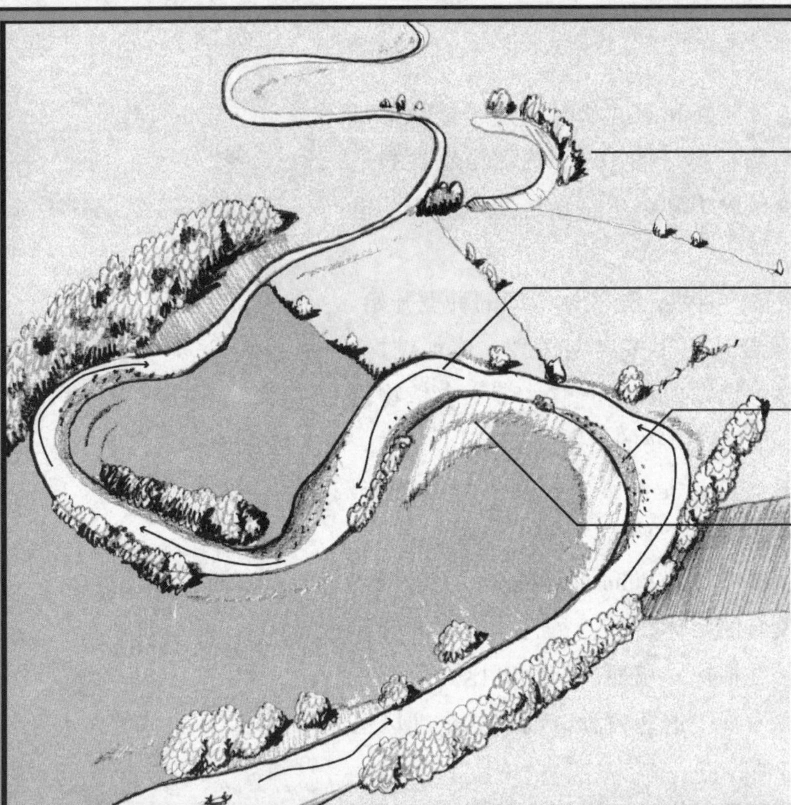

图9　河流的特点

As water moves over the surface of the land it tens to create identifiable patterns. For example, water flowing in channels such as rivers will tend to meander, flowing back and forth across the land. The water will erode material from the outside of curves in the river because this is where the velocity of the water is the highest. It will deposit that material on the insides of curves due to the slow velocity of the water at these points. In this way the river channel moves through the landscape.

水在地面流动时会创建独特的格局。例如水在河流等水道里流动时会在陆地上来回地蜿蜒穿过。河流弧线的外缘会被侵蚀，因为这里水流速度最快；而在弧线的内缘，因为速度相对缓慢，水会沉积许多它携带的物质。水道以这种方式在景观中穿行。

Notes:

2.5 植被

冰川遗留的物质、微气候和湿度状况决定了景观中不同的微环境下生长的植物种类（图10）。许多植物在自然界中结伴生长，人们常以此为某个生态系统冠名。一些常见的名字如：枫榉林、雪松沼泽等。

在识别场地中的植被的时候，先从你认识的种类开始。只要经过一点训练你就能认识很多典型树种，比如糖枫、美国榉树等等。初次学习识别树种的时候，带一本植物指南，它会教你如何一步步找到植物的名字。

如果你发现了一片你知道是经常生长在一起的植被，就为你找到其他线索提供了一个平台。例如，如果是一个枫榉林，那可能还有延龄草（Trillium grandiflora），你可以就此去找找看。如果没有的话你要想想是为什么。或者你可以找找一般不会生长在枫榉林里面的植物，比如鼠李树或者挪威枫树。如果你发现了这些树种，说明这个地区已经被非本土的入侵树种所侵占。

当绘制场地植被分析图时，先从识别和描画主要的植物肌理入手。把植被根据结构分类。比较典型的结构种类包括：森林，植林地，草场，种植地等等。每种分类在图上用一种颜色表示。每类可能还有子类，比如森林地区可能包括有落叶树和长绿树（针叶树种）的区域，在落叶树区域可能有以糖枫为主的区域和以岑树（Fraxinus americana）为主的区域。在植被图中可以用到的其他典型特点包括种群组成、树龄和种类分布。

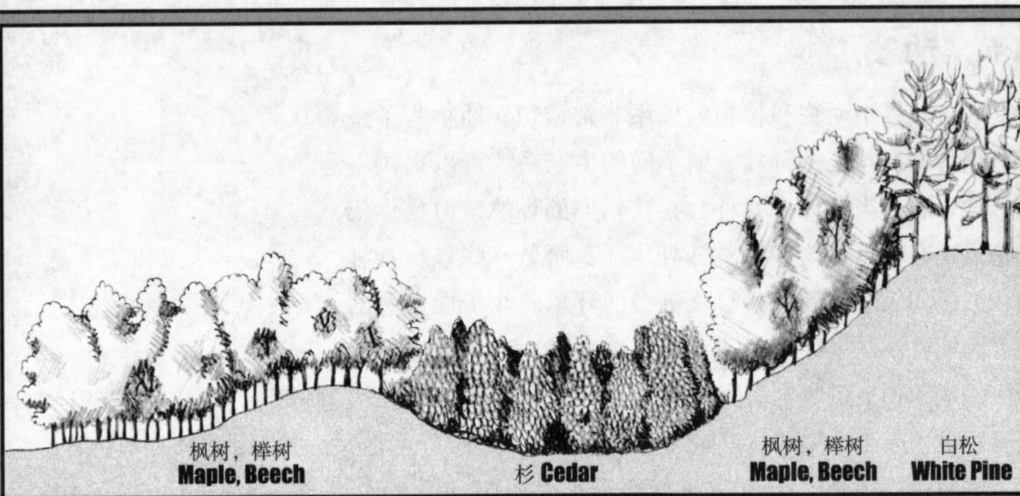

图10　土壤和植被

Different species of vegetation tend to grow in specific environments. When a cross-section of a landscape is drawn, we often find a close relationship between the environmental conditions and the vegetation associations. For example, in low and wet areas we might expect to find Eastern White Cedar (Thuja occidentalis) trees, while on dry ridges we would be more likely to find Eastern White Pine (Pinus strobus), and on well-drained, rich soils in the middle we would expect to find Sugar Maples (Acer saccharum) and American Beech (Fagus grandifolia) trees.

不同的植被喜欢不同的环境。当我们绘制地形剖面时，常常会发现植被的组合与地形状况有很紧密的联系。比如在低湿地区我们常看到东方白雪松（Eastern White Cedar），而在干燥的山脊常有东方白松（Eastern White Pinc），在肥沃的排水良好的中部地区常有糖枫（Sugar Maple）和美国榉（American Beech）。

Notes:

2.6 动物

在自然界中动物和植物的关系非常密切。动物为了生存和繁衍需要特定的环境，而不同的生态系统可以提供不同的栖息地。当然许多物种会喜欢相同的环境，但是你仍然会发现有的鸟喜欢在森林深处生活，而另一些喜欢森林边缘。比如火蜥蜴和青蛙喜欢潮湿的环境，在干燥炎热的地方它们就没法生存。

一些动物更适应在有人活动的区域生活。比如美国知更鸟可以适应于人类环境，而啄木鸟喜欢在森林深处生活，如果邻近有太多的人，其生存就会受很大影响（图 11）。一些动物更容易与人和谐共存。比如人们更喜欢看到山雀和蝴蝶，而厌恶臭鼬和老鼠在周围生存。

在解读景观的时候我们可以发现许多预示动物生存的迹象。如果你发现被咬掉的树枝，这表明周围可能有一群白尾鹿。你可以倾听鸟鸣，寻找动物粪便和它们在软土或湿泥上留下的足迹，或者穴居动物挖出的堆在地面上的土。当然也不要忘了昆虫。找找茧、蚁山或者蝴蝶。有些动物很难被发现，因此你就得依据植物的形式推测可能有的动物。所以动物的分析图常常和植物图合并在一起，在图中或者报告里说明在不同的植被分类里可能出现的动物。

图11　动物的栖息地

Different species of animals tend to require specific environments. Some bird species, such as the Pileated Woodpecker, require habitat deep within a forest, while others such as the Blue Jay prefer habitat inside the forest but nearer the edge. Others, like the American Robin, prefer the outside edge of the forest and the surrounding open spaces.

不同的动物需要不同的生存环境。一些鸟类物种，比如Pileated 啄木鸟，喜欢在密林深处安家，另一些鸟类例如蓝鸟喜欢在森林的内边缘安身，而其他一些例如美国知更鸟，则偏爱森林及空地的外边缘。

Notes:

2.7 土壤

景观中的土壤是多年来地形、气候、水、植被和动物相互作用的结果。随着时间的推移各种变化过程把地表的物质分开，添加有机物和养分，最终形成了可以识别出结构的土壤类型。我们已经看到低洼的地区有更多的细微颗粒，而山顶就很少有这些土壤。同样，在布满青葱浓密的植物的地区的土壤会含有许多来自腐败的叶子和植物组织的有机物。

一种通用的度量土壤的方法是土壤的构成。如果你把一小撮土用逐渐减小的网眼过筛，你会得到三种大小的物质：沙子、淤泥和黏土（图 12）。含有不同比例的这三种物质的土壤具有不同的特性和名称。例如沙性土壤具有绝大多数的沙子和极少量的淤泥和黏土，而肥土是这三种物质的均匀混合物。

土壤的构成极大地影响了它的排水能力——就是水通过土壤的难易程度。沙质土不能存水所以水会很快地通过。如果你想在雨后马上就使用一片场地（比如高尔夫球场或足球场），这就是个有利条件；但是在没有灌溉的地区，它就是个不利条件。因为水无法留住，土地会干旱。相反，黏土可以很好地存住水分。实际上黏土颗粒吸水后膨胀，使得颗粒间的缝隙非常小，小到水几乎无法通过。

图12 土壤的特点

When soil is passed through a series of screens, starting with the one with the largest openings, it can be separated into its component particles: sand, silt, and clay. The percentage of the soil that is made up of these components determines what kind of soil it is. For example, a soil that is mostly sand will be called 'sandy', while one with an even mixture of the three particle sizes would be called 'loam'. Each type of soil has characteristics that make it more appropriate for different uses. Sandy soil doesn't hold water well, so would typically be droughty. However, it is a good medium for growing sod as long as it receives regular watering. Clay soils will expand when wet and contract when dry, so are limiting in terms of building on top of them. Clay soils also don't drain very well so are not appropriate locations for septic fields.

当土透过网眼从大到小的一系列筛子时，它会被分成三种基本的组成物质：沙子、淤泥和黏土。这三种物质的不同比例决定了土壤的种类。比如说组成物大多为沙子的土为沙性土，而有均匀比例的三种组成物的土壤为肥土。土壤的特性使其适于不同的用途。沙性土存水性差，因此它的特点是干燥。不过只要有规则的降水，草皮仍然可以在沙性土中很好地生长。黏土在湿的时候膨胀而干的时候收缩，所以在黏土上建造房屋很受局限。黏土的排水性很差，因此也不适于作为化粪池的排水场地。

Notes:

如果你往深处挖一处土壤，清晰可见的土壤层次就展现出来（图13）。表面层叫做表层土，是大部分有机物聚集的地方，大量的微生物也生长于此。这层土壤提供大部分的植物生长所需的营养，科学家们把这层土叫做A层（A horizon）。A层下面的那层叫B层（B horizon）。第三层叫C层（C horizon），也叫母质（或父质）。C层的构成自冰川时代以来就没有太大的变化。

经过一点训练，识别土壤就会变得很容易。从B层里铲一点土，大概蛋塔大小的一块。把土在手里团成个球，然后上下反复抛球。如果土球散开了那么土壤就是砂质的，如果土球保持原样，你可以通过挤、压、滚、碾，使泥质部分析出。然后你通过一个对照表就能分析出土壤的构成。开始的几次你可能满手是土，对自己的判断也不自信。但是多次尝试后，你就能很好很快地判断土壤的构成了。如果你需要更精确的判断，许多土壤分析公司可以根据你的土壤样品提供结论。

根据土壤性质可以做出土壤分析图。最常见的分类办法是根据土壤的不同构成分类。和其他分析图一样，很有价值的一种办法是根据诸如土壤构成的特点确定一些主要的类别，然后根据其他特点比如压紧状态做子分类。举个例子，两种同样构成的土壤，如果一个是自然状态，另一个是被汽车压紧过的，它们的排水性可能完全不同。

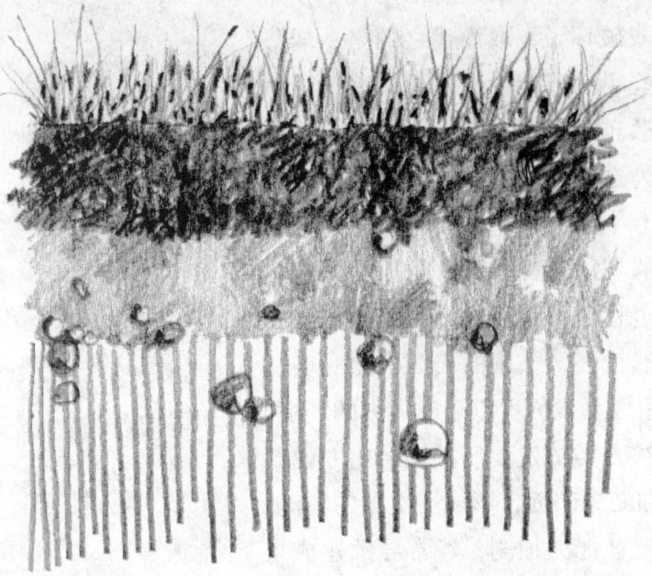

图13　土壤层

If you dig in undisturbed soil, you will find that it has clearly visible layers. The depths of the layers varies with the soil, but virtually all soils have an A-horizon (commonly known as the topsoil), a B-horizon, and a C-horizon (which is material that has not been modified much by plants and animals).

如果你挖开一块未经扰动的土壤，你会看到清晰的土壤层。每层的深度会随土壤种类的不同而发生变化，但实质上所有土壤都由A 层（通常说的表层土）、B 层和C 层（动植物对这层的影响不大）组成。

Notes:

2.8 社会和文化因素（人类的影响）

在过去200年上下，安大略南部的定居活动几乎使所有的自然生态系统都消失或破坏了，取而代之的是从居住区到农田的人文景观。一些小的残余的原始生态系统虽然幸存了下来，也只是零星散布于景观中。然而即使这些部分也受到人为的影响，因为这些残余森林的边界要由测绘的地产边界线来决定（图14）。

被人类活动严重影响的土地会丧失大部分原有的结构和形态，但是原有的景观进程还存在。比如说水依然会向山下流，南坡的太阳光依然最强，土壤的表面依然有表层土。通过理解生态系统的组成元素你可以重建失去的环境。然而许多景观进程的结果被人类的发展所扩大，比方说雨水无法渗入大多数混凝土和沥青路面，形成了更多的径流。由于径流量的增加，水的侵蚀能力加剧，经常导致建成景观的下游地区被冲蚀破坏。类似地，太阳光到达混凝土和沥青表面，没有被用来蒸发水分，而是转化成热量，使建成地区比自然环境更燥热。人类环境中的植物群落一般都被简化，比如说一个有复杂生命网络的枫榉林常被简化为培育树种和草类，造成大量依靠原始复杂的生态系统存活的动物随着栖息地的丧失而消失。

虽然人类对自然生态的影响是毁坏性的，但不是所有人为使用都有负面影响。人类社会经常把发生过历史事件的建筑或景观保护起来，像1812年战争的遗址，或者仍在发生的文化现象的地方，比如莎士比亚的故乡。其他人们乐于保护的地点包括早期欧洲移民的居住地，例如安大略克劳福德（Crawford）湖的长屋村（Longhouse village）。任何人类改变景观的迹象都应该被记录和绘制下来。

景观的许多特点不像生物物理资源那么实实在在，但是对社会和文化仍然有很高的价值。人们喜欢可以欣赏自然景观或者社区美景的高地。他们还喜欢通过小径和解释标志与自然亲密接触。人们还通过其他途径，从与自然的对话中身心受益。在你制作场地生物物理资源的清单时，一定要注意那些无形的但是人类关注的特点。可以用很多办法在地图上表示这些特点，在社会文化分析图上以大星

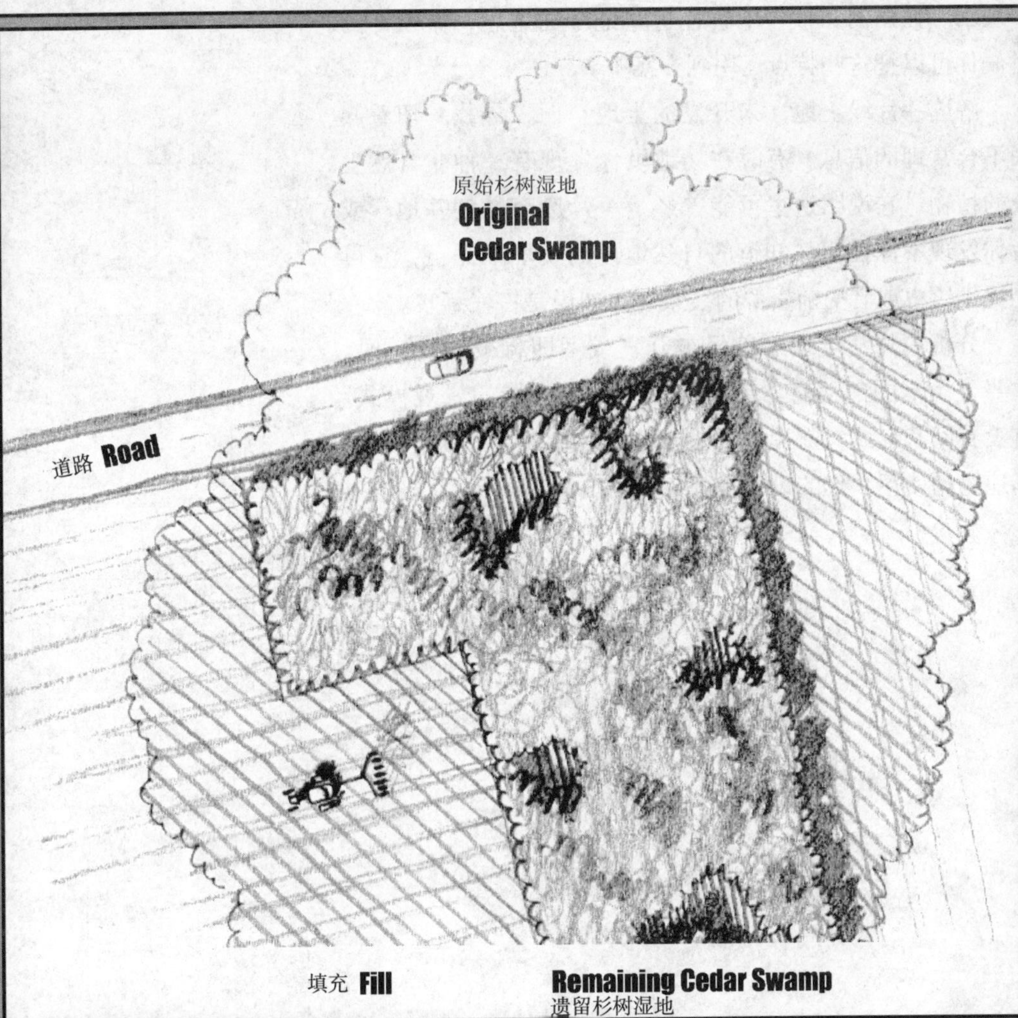

图14 遗留景观

Remnant 'natural' areas found in the landscape of Southern Ontario are typically regrowth areas. This means that the original vegetation has been removed within the last 200 years or so, and new vegetation has grown there. Where ecosystems in an undisturbed area would naturally follow the environmental conditions (e.g. a cedar wetland will grow to the edges of the wet area), the boundaries of remnant natural areas are more typically determined by surveyed property lines, roads, etc.

在安大略南部的残余的"自然"地区都是再生区域。也就是说原始的植被在近200 年内曾被清走，而新的植物又重新生长起来。未经破坏的生态系统可以自然地遵循环境的状况（比如雪松沼泽会长在湿地的边缘），但是残余自然区的边界却要由测绘的地产边界线和道路等来决定。

Notes:

号表示。在图例和报告中解释这些记号的意思，做设计的时候你可以把这些特点运用到方案中。

解读一片绿土地（未开发的土地）时，寻找一切看起来不合常理的信息。有时在场地里你发现有一种非自然生长的植物，它说明这里可能曾经是一片废弃的宅基地。或者你发现不像任何你知道的自然地形的一堆堆泥土，它可能提供历史或者史前资源的线索，比如说是古代墓穴。

分析一片灰土地（曾经被开发或者即将被开发）时，你要寻找不同的信息。寻找场地周边的区域的景观模式。有没有网状形式？哪里是功能廊道？山上哪些因素会影响场地内的使用？你的设计是否会影响山下？

2.9　绘制景观元素图

景观中的每个元素都应该被描绘和记录下来，来清晰地表达景观中的资源状况，并使业主可以很容易地理解。影响和指导设计的关键信息也要标明。景观评估的成果一般是一份结合分析图的评估报告。

下章“景观评估的步骤”对如何进行景观评估提供了详细的指导，说明如何勘察场地、如何制作底图、如何制作评估报告等内容。

第三章　景观评估的步骤

3.1　引言

本章将提供一系列可以帮助你完成景观评估的步骤指导。因为某些方面是非常简单直接的，所以这里并没有囊括所有的步骤。不过，这里详细地讲解了学生们在过去的实践中常常感到困难的部分，以帮助你尽快走上正轨。有时在一个项目的中间阶段，你可能需要回想在底图中需要那些信息。你可以翻回到制作底图一章找到关键的信息和步骤。

指引不仅引导你初次尝试使用这些步骤，而且可以作为以后回顾这些步骤的参考。

3.2　步骤指引

景观评估最重要的一点是遵循一个清晰且经得起推敲的过程。步骤就是事件发生的一系列过程。你可以很容易地描述你得到一杯咖啡的过程。其中一种可能的过程是：

1）进入 Tim Horton 咖啡店；

2）对服务生说："大杯的加糖和奶油，带走。"；

3）看一下收银机上打出的价格并付款；

4）接过咖啡。

你可以多次重复这个过程，而且每次都得到非常近似的结果。其他人也可以按照你描述的步骤很容易地得到几乎一样的咖啡。

还有一些其他的办法可以得到咖啡，比如，你可以：

1）在电水壶中放一些水；

2）打开开关直到水开了；

3）在水杯中放一些速溶咖啡；

4）把煮开的水倒入水杯中；

5）加入奶油和糖，并用勺子搅拌。

这个过程也可以得到一杯咖啡，不过得到的咖啡味道可能和上一个办法得到的不同，而且可能每次的味道都有差异。

Tim Horton 咖啡店的步骤可以说是“可靠的”，因为如果你用同样的步骤，每次都可以得到非常近似的结果。也可以说它是“有效的”，因为每次用这种办法都可以得到一杯咖啡。这两种量度标准——可靠性和有效性，使我们对结果产生信心。这个步骤是清晰准确的，因为其他人可以用同样的步骤取得非常近似的结果。最后，如果你想调查 Tim Horton 咖啡店制作咖啡的办法，我们会发现他们找到了制作咖啡的最佳水温（水在不同的海拔有不同的沸点，而太热的水不能冲出好咖啡）和热咖啡保持新鲜的最长时间（咖啡由许多物质组成，在温热的状况下其中一些物质很快会变臭）等等。他们制作咖啡有很强的理论做支撑，因此制作过程是“经得起推敲的”。也就是说，如果有人质疑 Tim Horton 咖啡店制作咖啡的方法，制作者可以用科学理论和实验结果来捍卫自己的方法。

相对而言，做速溶咖啡的那个步骤能做出可认为是咖啡的东西（因此在一定程度上说是有效的），但是由于加水和咖啡粒的多少不同或者水温的差异等因素的影响，做出的咖啡味道相差很大，因此这个过程是不可靠的，步骤也不清楚、准确。例如它没有规定水和咖啡粒各需多少。最后，这个步骤也经不住推敲。你用的步骤是基于经验的。你通过实验和错误得知你最喜欢什么样的搭配比。实验结果不如理论和科学结果经得起考验。如果有人在法庭上对你提出挑战，他们可能按速溶咖啡的用法说明做出一点都不像咖啡的东西。他们可以只加一点咖啡粒而放大量的水，许多糖和很少奶油。他们可以证实在某些情况你的步骤不能做出咖啡，因而使你的论点无效。

现在如果你的咖啡还没喝完，我们来看看以上讨论和景观有什么关系。假如有人雇你为他们拥有的一块土地做评估。如果你采用了类似做速溶咖啡的步骤，你可能会：

1）到场地随便地看看；

2）画一些图表并记录你看到的；

3）提出一些关于场地使用的想法；

4）提出一个设计方案。

这个过程可能偶尔有效，但是在很多情况下你会遇到麻烦。比如业主可能会尝试实施这个设计，但是当地的环保组织可能以这块地为五纹蜥蜴的重要繁殖地而从根本上质疑这个方案。如果最后你因此在法庭上被控告，法官让你描述一下你在设计中用了什么方法避免对五纹蜥蜴的影响，你就不能为自己辩护了。类似地，如果雇主觉得你并没有发现场地的真实潜力，并雇佣其他人用你的办法来验证你的结果，他们可能得出十分不同的结果。因为过程中有太多主观性的空间，得到的结果就会因时间和参与人的变化而变化。

同样是这个项目，如果我们用 Tim Horton 咖啡店的办法，步骤可能是这样的：

1）搜集和研究所有有关场地的图纸、航拍照片和出版物；

2）走访场地，通过实地观察、测量及与当地居民交谈来验证已出版的数据是否准确，并尽可能搜集有关场地的其他信息；

3）如果任何有关场地的敏感和重要的问题超出了你自身的专长，咨询有关专家；

4）撰写一份清晰简洁的报告，阐述场地所有的重要方面，场地潜在的机会和局限性，以及使用场地的建议。

用这种办法你会很早发现场地中有一个地区是五纹蜥蜴的繁殖地，并把它作为一种机会（作为保护地区和教学用地），同时也是局限（这个地段不宜改造）。这样就很可能避免了一场官司。业主可能会对你的工作非常满意。即使他雇佣其他人重做一次场地研究，得到的结论也会和你的结论非常近似。

现在你可能会问自己：“嘿，我以为景观设计是一个创造性的职业，这里有什么创造呢?”有的人以为如果经过太过严格的步骤，创造性就被束缚了。其实不然。我们有的时候需要创造的投入，有时需要坚实的科学基础。比如你有一个新奇的住宅设计创意，但是它破坏了五纹蜥蜴的栖息地而且被当地人制止，你的创造性在这里就毫无意义了。遵循一个清晰、可靠、有效和经得起推敲的步骤，会给你限定一个可以发挥想象力的范围。许多有创造性的人士发现，如果有太大的自由度，创造反而更困难。就像当你面前是一张白纸的时候你的创意反而来得更艰难一样。相反，明确了方针及局限经常会导致最佳创意的生成。不要以为景观评估的过程限制了你的创造性，相反，它提供了一个框架，确保你的创造性不会被浪费。

3.3 景观评估的步骤

所有的场地都是唯一的，因此评估步骤不会像 Tim Horton 咖啡店的例子那样完全一致。不过虽然结果会不同，评估步骤还是可以非常清楚地列出来，从而使你找到并考虑到景观中的重要因素。

步骤的第一步是搜寻有关场地的已出版的信息。你可能从图纸、报告或者出版物中找到一些描绘该地的地形、地表水、植被、动物、土壤、气候以及目前的使用状况的资料。在图书馆、互联网或者当地的政府部门可以获得这些资料。通常来说这些资料是在一定比例下提供一个大范围的概况，有关你的场地的具体信息是不大可能找到的。不过它提供了有关场地的背景脉络，这是非常重要和值得考虑的。

第二步是获取场地及周边地带的航拍照片。你应该找到该地的“连拍立体图像”—— 一种从飞机上连续拍摄的照片，它可以让你看到场地的类似三维的影像。这个方法使你在去现场之前可以简单迅速地熟悉场地。它使你产生飘浮在场地上方的感觉。你会很容易地找到道路、构筑物、森林地区和河流。当你对这个过程熟悉之后，你还能识别树种和建筑物高度。通过航拍照片你可以得到很多信息。

第三步包括带着复制好的图纸和航拍照片，花些时间到场地勘察。你应该先在场地中走走，找到你在航拍照片中看到的景物及特色。这个过程使你证实在图纸及航拍照片制作之后场地是否有变化，同时更新细节的变化。比如场地中有一块湿地，是图纸及航拍照片中没有显示的，但是你在现场却可以找到。这时你可以收集有关场地组成的所有信息（比如进行场地植被组成的研究，或者和当地居民交谈，听听他们对场地使用的意见等等）。

第四步需要你制作有关场地不同元素的分析图。你制作的图纸应该包括：地形、土壤、水文、植被、野生动物、微气候、土地使用，以及其他任何有关场地的独特的和重要的内容。在某些状况下，例如当景观元素紧密联系和互相影响的时候，可以把一些图纸合并为一。比如你可能决定将地形图和土壤图合并。同样，水文图和微气候图、植被图和动物图也可以合并。根据场地的情况，场地使用图可能有若干张。如果场地以前几乎没被利用过，那么使用图可以和地形及土壤图合并。如果场地使用的状况很复杂，你可能需要做考古图，场地的历史使用图及当今使用图。

连同以上图纸，第五步包括撰写一个简短而清晰的报告来描述你取得以上信息所使用的步骤，以及对场地的各种资源状况的描述，作为对图纸的补充。这应该包括所有和日后场地使用决策有关的信息。完成这步就基本上做完了景观评估中“场地清单”的部分。下一步就是“场地分析”了。

当图纸和报告准备好以后，下一步就是合成信息。这个过程可以有很多途径，但是我们要选择一个十分经得起推敲的步骤：识别和评估景观单元。景观单元是场地中特点相对统一的地区，比如场地中地形、土壤、植被及动物分布接近的地区。景观单元需要在单独的图纸中表示。

分析的最后一步包括制定一个框架来判定每个景观单元可以被使用的可能性和适宜性。可能性指的是场地可以被使用的潜力，是以一种尽可能客观的和无偏见的评估所得到的。例如一片成熟的林地客观地说是可以作为工业开发用地的，因为成熟的树林可以被很快地砍伐并清理干净作为发展用地。场地适宜性的分析考虑了更多的价值因素和主观因素。成熟的树林作为一个生态系统具有相当的价值，你可能会希望保留这片树林或现在的使用功能。通过区分可能性和适宜性你就能聚焦在问题的主要方面，而不会由于强调“因为它不应该作为工业开发用地，所以它不能作为工业开发用地”（这种含糊的判断）而遭到质疑。

可能性和适宜性分析的结果应该总结成一张图，来表达你对场地的各个部分最合理使用功能的建议。这张图和报告的其他部分将成为接下来的设计过程中不可缺少的一部分。如果业主已经对场地的使用有了想法，现在正是将业主的需求和场地的潜质结合起来并支持那些使用功能的时候。从这以后创造性的规划和设计将是整个设计过程的主角，当然它们是基于坚实的和科学的景观评估的基础之上的。景观评估不是做完就可以放在一边了。完成景观评估有一个非常重要的原因，就是它为提出适宜的场地的设计方案提供了一个坚实的基础，同时也是衡量业主、公众或者官员们的建议是否合适的标尺。因此景观评估报告和图表是设计全过程中不可缺少的一部分。

3.4　详细指导

3.4.1　记录和汇报观测资料

景观分析的一个重要步骤就是培养技能以准确记录和报告观察结果。你对场地的分析起源于不经意的观察，并发展为对各种材料和信息的复杂的考察过程。将大量信息提炼为简洁明了的报告的过程看起来是件使人困惑的事情。然而，如果把这些信息以文字或图像的形式有效地总结起来，完成报告就变成一个像拼图一样简单易行的过程。

你可能使用不同的方法记录你的观察结果，比如走访场地时的笔记，总结技术资料或报告的内容，绘制草图、透视图和剖面，以及在地图或航片上做记录。事实上，在项目中这个步骤经常有各种不同的形式。你应该记录许多笔记以引导你完成报告。最重要的是，培养这个技巧将使你避免在最后一分钟面临信息过多无法处理的尴尬局面。

▲步骤

1）买一本硬皮的、有格子或者绘图纸的本子。用铅笔绘制，因为铅笔记录的内容不会在潮湿之后变得模糊或者丢失。千万不要擦掉你的想法和注释，你永远不知道什么时候因为一点点内容就唤起了你的记忆或者灵感闪现。

2）在你每次去现场的时候都要带着这个本子。按时间顺序继续你的观察和评估很重要，因此要准确记录每次场地勘察的时间，以便回溯以前的工作。把任何与这个场地相关的信息都记录在这个本子里，包括想法、建议、参考资料等等。记录的方式要以你可以准确理解为准。因为办公室的其他人可能会借用这个本子，所以内容力求清晰和全面。

3）在每一次去现场的时候都要带着地图和航片。以这些资料作为准确定位和调查场地的依据。标注重要的植被区、重要的景色、倾斜的地形等等。把重要地区在地图上清晰标示可以帮助你在离开场地后方便地定位自己的位置和想法。

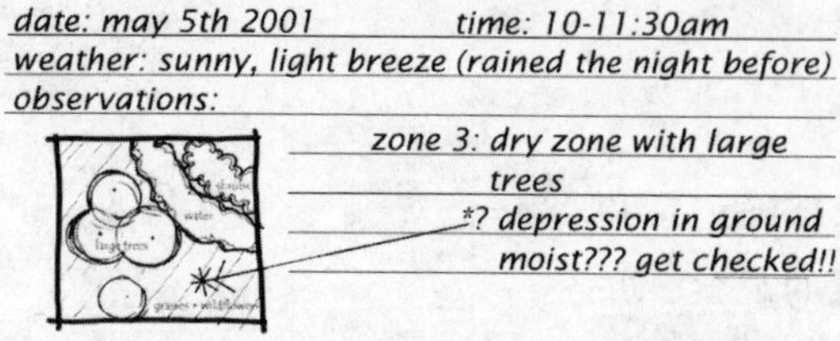

日期：2001年5月5日　　时间：上午10–11：30
天气：晴，微风（前夜曾下雨）
观察：
3号地：干燥，有大树
感觉抑郁，潮湿???核实!!

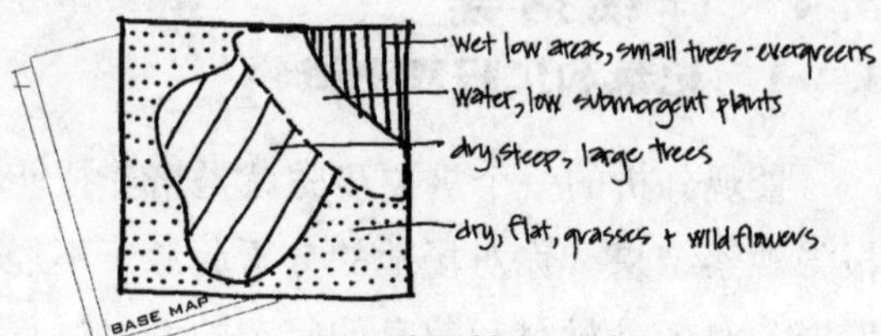

潮湿低洼，小树，常绿树种
水，低矮，水生植被
干燥，陡峭，大型树木
干燥，平坦，草坪和野花

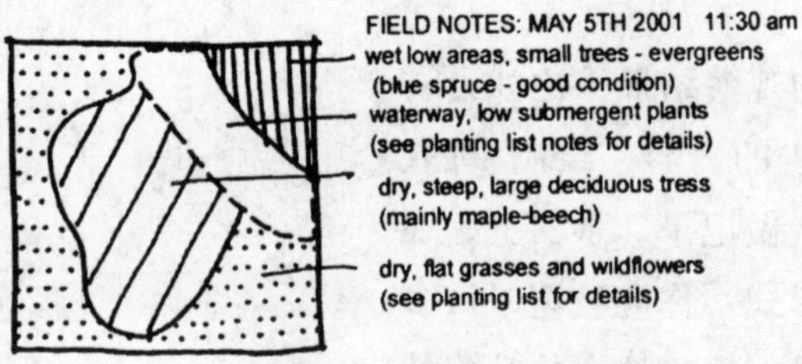

场地笔记：2001年5月5日 上午11：30
潮湿低洼，小树，常绿树种（蓝杉，状态好）
水，低矮，水生植被（详见“植被清单”）
干燥，陡峭，大型树木（主要为枫榉林）
干燥，平坦，草坪和野花（详见“植被清单”）

4）在每次完成现场勘察后，回顾一下你做的记录，做一些附加的评论。你要保证在你离开场地后你的笔记都是可用的。

5）当你审阅一篇杂志的文章、一篇论文、一个技术报道或者其他任何需要索引的材料的时候，在每页记录的顶部记录所有准确索引需要的信息。一般来说这些信息包括作者姓名、发表日期、文章题目，出版商（或者杂志名称），版本、卷（册）数和页码等。如果你准备引用其中的某句话，一定要记录下那句话在哪一页。当你做完文章笔记时，花几分钟总结一下那些你觉得会影响你的报告的重要观点。看起来这么做似乎很烦琐，但是它能保证你理解了你记录的内容，知道这些信息怎样应用到你的报告中去。

6）时不时地把你最新掌握的信息综合在一页纸上（一般是基于一个地图）。在页面上贴一个标签。把所有相关信息都写在这页上。在项目完成的时候你会有许多这样的页面，并且通过标签可以容易地翻到。

7）想想你的听众，谁将会阅读你的报告和地图？想想他们想知道什么，以什么顺序才能让他们真正理解场地的能力和局限性（机会和限制）？你收集的准确信息越多，你就越能有效地向你的同事传达信息。

8）以清晰的文字记录，并以合适图表或草图说明文字。

不适合
·湿土
·大型树木

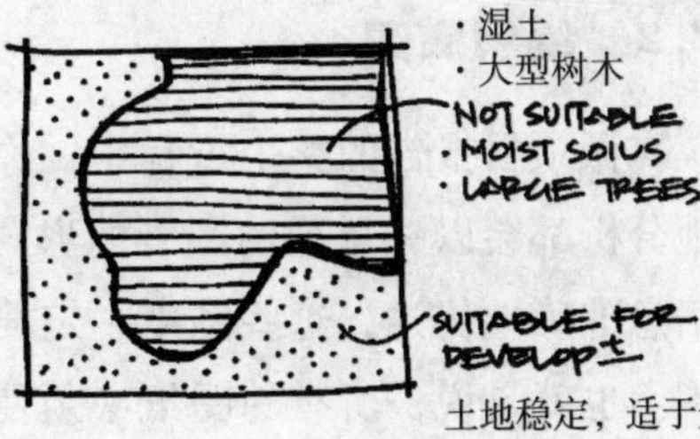

土地稳定，适于开发

3.4.2 绘制底图

在做项目报告的整个过程中，你的大多数场地清单和场地分析都会以一系列的图纸的形式表达。为了把一系列源信息准确地传达，这些图纸一定要以同样的格式和面貌呈现。也就是说，所有的图纸必须使用同样大的纸张，同样的比例，并且有同样的基础信息。底图是一个项目中或报告里所有地图的模板。

▲步骤

1）一张区域底图可以提供一个很好的起点，因为它包含了大多数你制作报告底图需要的信息。如果你的红线边界跨越了多张区域底图，你要对它们进行拼接和剪裁。一定要保证你准确定位了场地红线。

2）为你的报告底图选择一个合适的比例。比如安大略底图是1∶10000 的。如果你需要不同的底图比例则需要放大或缩小参考底图（区域底图）的比例。比如你需要1∶5000的底图，而你找到的区域底图的比例为1∶10000，这时就需要将原底图的比例放大一倍。比例的选择由多种因素决定，包括你准备使用的图纸尺寸，研究区域的大小和你希望的研究深度。

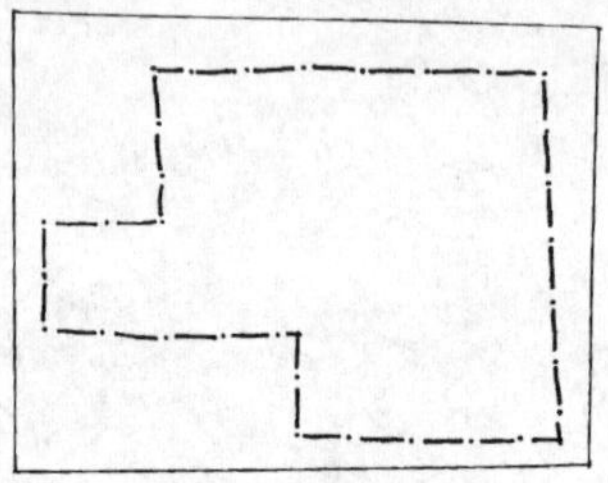

1 : 10000

3）设计一个底图版面。版面上一定要包括的内容有：

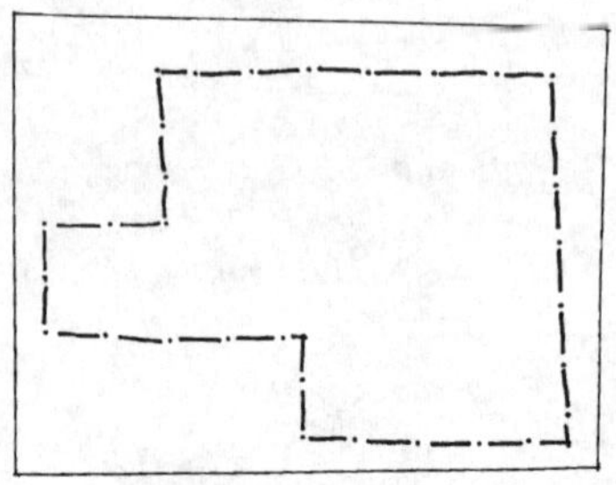

1 : 5000

a. 绘图比例尺；

b. 指北针；

c. 图纸名称；

d. 图例部分；

e. 图纸上信息的来源；

f. 绘制日期；

g. 甲方名称；

h. 乙方（研究方）的名称；

i. 项目名称和地址。

其他你将要在每张图纸上显示的信息也应该包括在底图里。

4）在底图的某个部位还应该放一个区位图，以显示在一个较大区域里这个场地的位置。这张图通常很小，是不按比例的示意图。它主要包括地区道路和场地红线范围。区位平面可以放在图例部分或者文字框里。

5）一种可以最准确而方便地制作底图的方法是使用AUTOCAD。当你画好整个底图的草图后，就可以将草图用数字化仪输入到图纸的底图层里面。

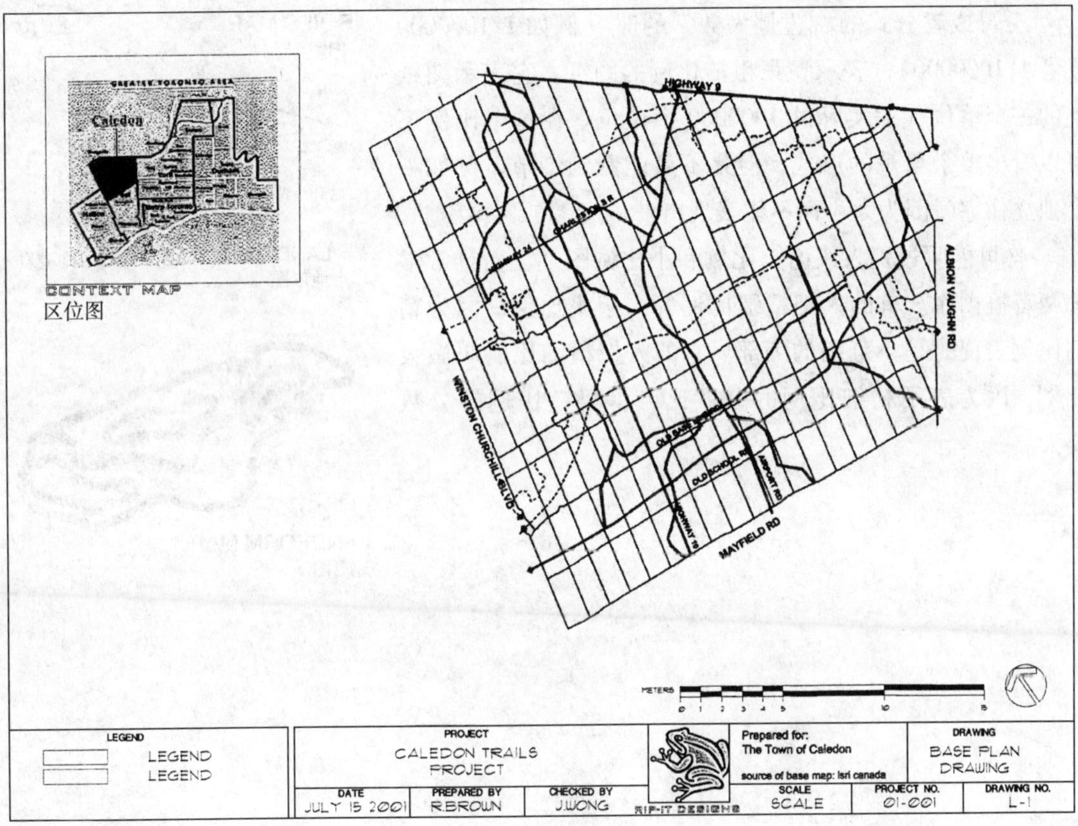

3.4.3 决定比例

所有图纸都是对场地的简化表达。通过分析比例尺来理解图纸简化的程度是很重要的。比例尺可以有多种表达方式，不过通常以图形比例尺和数字比例尺来表示。

3.4.3.1 决定比例

分母或者分式的右边是小数字时（例如 1/100 或者 1∶100），表示一张精细比例的图纸。它表示图纸上的一个单位代表实际的 100 个单位。在这个比例下你可以鉴别出细节，比如社区中的独立住宅。

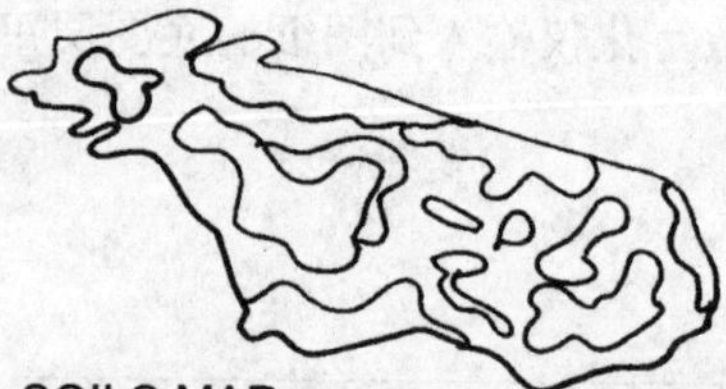

SOILS MAP 1∶10000
土壤图

分母或者分式的右边是大数字的时（例如 1/1000000 或者 1∶1000000），表示一张粗糙比例的图纸。它表示图纸上的一个单位代表实际的 1000000 个单位。在这个比例下可以看出整个景观的形式，但是不可能看到细节，例如一个独立住宅就因为太小而不能表现出来。

LANDFORM MAP 1∶50000
地形图

你可能听过别人谈论大比例和小比例图纸，而且常常把两者搞糊涂。有的人把精细比例等同于小比例，因为精细比例表现的是小范围的细部。有的人把精细比例叫做大比例，因为表示精细比例的分数比表示粗糙比例的分数要大。

LANDFORM MAP 1∶10000
地形图

3.4.3.2　步骤

1. 当你收集场地数据的时候，你肯定会碰到各种不同比例的图纸。一定要保证你准确地记录并索引了每张地图和它们的比例。

2. 请记住不同比例的图纸反映不同深度的信息。土壤图可能会是1∶10000的，而地貌图可能是1∶250000。不同比例的图纸表现的细节是不同的。在上面的例子中，土壤图比地貌图所表达的细节更多更精确。理想的情况是，你应该把图纸转换成表现最少细节的比例。然而这又是不实际的，因为你常常希望把掌握的所有细节都表现在图纸上面。为了补偿在比例转换中丢失的信息以及两张图纸存在的矛盾，有时需要改变线的宽度来表达信息。

3. AUTOCAD是转换图形比例的一种非常有效的工具。然而不管你如何依赖AUTOCAD转化比例，有的时候你需要以同一比例迅速查看不同比例的图纸上的信息。比如你可能同时看一张1∶2000的地图和看一张1∶3000的地图。一种简单的方法是用要转换比例的分母除以需转换成的结果比例的分母。

例如，你要把1∶3000转换成1∶2000，所需的步骤是：

3000/2000 = 1.5；

1.5 × 100% = 150%

把1∶3000的图纸在复印机里放大150%，就得到了1∶2000的图纸。

如果你要把1∶2000的图纸转换成1∶3000的，所需的步骤是：

2000/3000 = 0.67；

0.67 × 100% = 67%

即把1∶2000的图纸在复印机里缩小67%。

3.4.4 景观单元

现在你已经完成了详细的场地清单和分析。你搜集了有关场地各种特性的信息，比如地形、微气候、土壤、水文、野生动物、植被，以及场地的历史背景，并把这些信息表示在一系列图纸中。这些图纸可能内容复杂，看起来信息极多。实际上，你把一块场地按不同特性分成了多种元素。如果不把这些信息归纳和简化，得出场地使用建议是很困难的。因此在这时候把这些信息转换成简洁、清晰的形式非常重要。运用景观单元把场地信息转换为简洁的形式是最有效的方法之一。景观单元显示在一张图纸中，包括了场地特性的综合结果。这些单元提供了一个简化了的基础，在此之上提出场地使用的建议。

▲步骤

1）一种最常见的辨别景观单元的方法是资源信息重叠法。最开始，你需要把资源特点按其在景观中的相对重要性排出先后，以便于提出场地使用建议。这个步骤需要你的经验和独创性。可能你得花一些时间考虑一个好的方法。生成景观单元的方法很多，所以在项目中不必害怕尝试反复实验，以得到一个有效的方法。请记住景观单元将成为一切场地使用方案的基础。

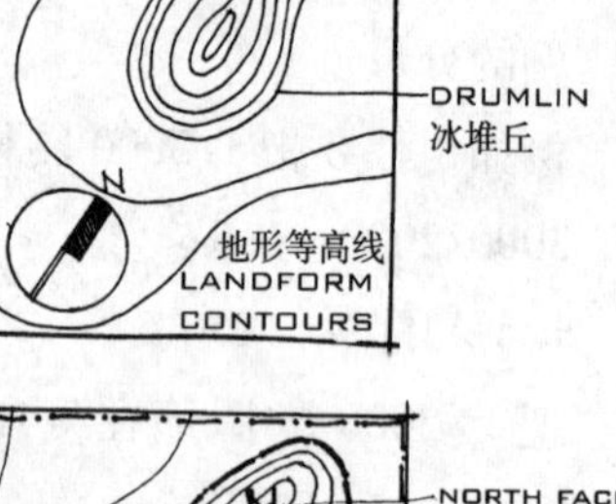

2）以下用图解说明生成景观单元的一种方法：

a. 确定一个决策过程的基础。生物地理学理论告诉我们景观中存在可识别的系统。有关这些系统如何工作的知识可以帮助我们将这些系统或者景观单元识别和图示出来。

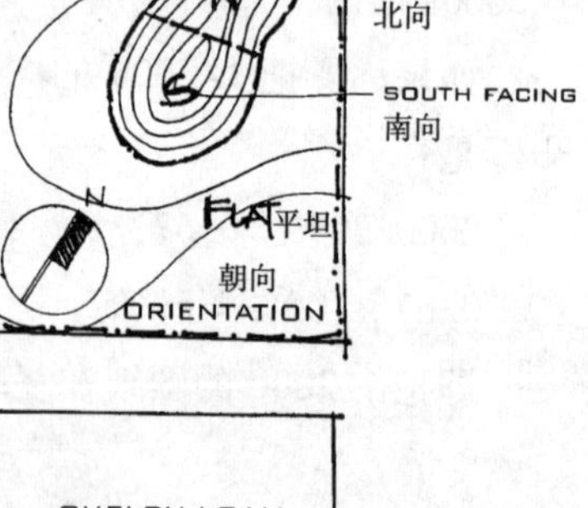

比如，南向的山坡会比其他坡向的地方储存更多的太阳辐射能量，因此比其他坡向的地方更加温暖干燥，产生与周围的地区不同的局域微气候。南坡的植被通常喜欢温暖、干燥环境和持续加剧的太阳暴晒。你会发现南坡的特点与其他坡向的截然不同。

b. 基于以上理论，推导景观单元的第一步是将地形图（地质概况）作为基础。地形地貌是产生景观多样性的原始驱动力。

气候塑造了地貌，而场地的坡度和坡向又是产生局域微气候的主要原因。在你的地形图上要标明南向、北向和没有坡度的地区，甚至东向、西向的地区。在需要的时候还要表明陡坡、中坡和缓坡。

c. 下一步是将土壤的信息叠加在图上。你会发现地貌和土壤特征的一致性。如果有些边线不对齐，很可能是转换不同比例的原始资料造成的误差。把线稍微画宽一些来调节这些误差。

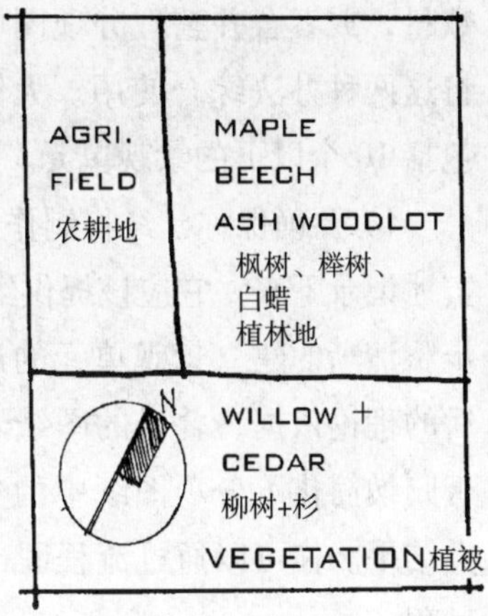

d. 接下来是将植被的信息叠加在图上。你可能想要所有植被分区的细节，但现在应该是把众多分类综合和简化的时候。当然，要尽可能保留更多的和需要的细节。

e. 以上已经得到了足够多的景观单元留做分析，到目前为止总共找出 6 个景观单元。我们可以增加水文或其他地质物理特点使图纸更具细节，但是结合以上的四张图纸我们就已经抓住了场地的最基本元素特点。

f. 景观单元应该用非常“粗”的线条来表现边界的不确定性。每一个单元应该用不同的颜色表示它的特点。比如，单元 1 可以用棕色表示休耕地，单元 2 用中绿色表示林地，北坡的潮湿林地用深绿色表示，南坡的林地用浅绿色表示。除非你想表示一片布满鲜花的场地，否则不要使用粉红色或者紫红色来表示场地植被。

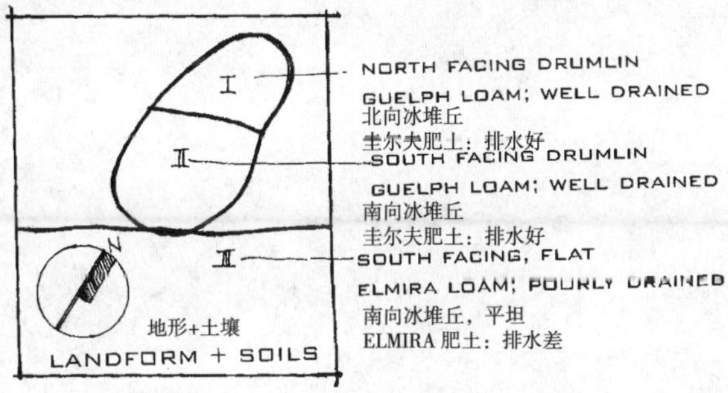

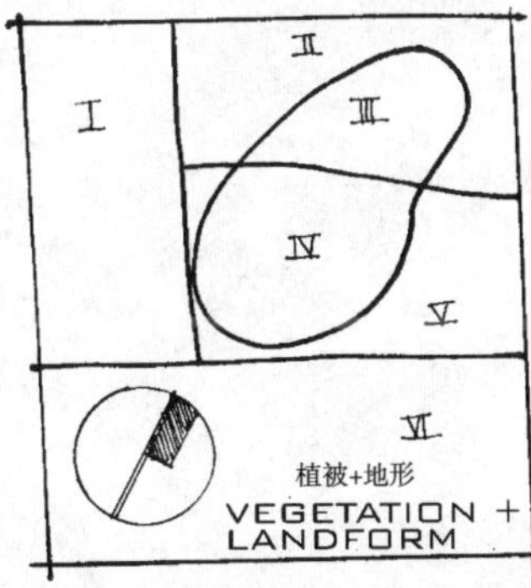

Ⅰ: FLAT; GUELPH LOAM; WELL DRAINED TILL; AGRICULTURAL FIELD; NORTH FACING

Ⅱ: FLAT; GUELPH LAOM; WELL DRAINED TILL; MAPLE BEECH ASH WOODLOT

Ⅲ: DRULIN; GUELPH LOAM; WELL DRAINED TILL; MAPLE BEECH ASH WOODLOT

Ⅳ: DRUMLIN; GUELPH LAOM; WELL DRAINED TILL; MAPLE BEECH ASH WOODLOT; SOUTH FACING

Ⅴ: FLAT; GUELPH LOAM; WELL DRAINED TILL; MAPLE BEECH ASH WOODLOT; SOUTH FACING

Ⅵ: FLAT; ELMIRA LOAM; POORLY DRAINED; WILLOW + CEDAR; SOUTH FACING

Ⅰ：平坦，圭尔夫肥土；排水好，农耕地，北向
Ⅱ：平坦，圭尔夫肥土；排水好；枫树、榉树、白蜡植林地
Ⅲ：冰堆丘，圭尔夫肥土；排水好；枫树、榉树、白蜡植林地
Ⅳ：冰堆丘，圭尔夫肥土；排水好；枫树、榉树、白蜡植林地，南向
Ⅴ：平坦，圭尔夫肥土；排水好；枫树、榉树、白蜡植林地，南向
Ⅵ：平坦，ELMIRA肥土；排水差；柳、杉，南向

3）请记住制作景观单元图的目的是简化和归纳资源分项图中的信息。如果你总结的景观单元有 36 个，应该再简化。你可以用两个办法简化这张图：减少叠加的分项图的数量，或者合并整理分项图中的分类数目。最好的办法是将这两种办法综合使用。大体来说，你的景观单元图应该包括 10 个以下的景观单元。

4）要确保你已经将制作景观单元的过程和方法详尽如实地记录下来。它应该提供给读者一个按时间顺序发展的、步骤清晰的建立景观单元的过程。记录中应该解释过程背后的理论依据、叠合的图纸名称和叠合的顺序，以及你是否归纳简化了分项图纸中的分类数目，最后是你的合并分类结果。你可以通过流程图或者表格来表示你归纳简化的过程。

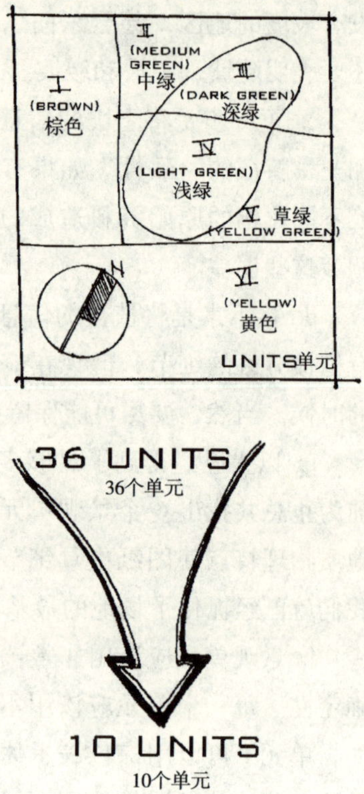

3.4.5 可能性和适宜性

现在你已经确立了景观单元，就可以开始对场地使用提出建议了。请记住你的工作是基于一个明确步骤的，因此在做场地使用建议时要坚持你的方法很重要，即要以已经完成的场地分析为基础做出使用建议，千万不可忽视前面的工作而以个人的假设和推断对场地使用安下结论。

使用场地的可能性和适宜性分析是判断场地开发潜力的一个方便可行的方法。可能性和适宜性两个词看起来意思相近，实际上在场地使用的范畴里意义差别很大。可能性指的是场地支持某种功能的“大概能力”，是一个客观地评估景观的方法。比如说你认为森林地区不应该发展住宅建设，但是客观地说，森林可以被砍伐成平地以建造住宅。因此，森林地区开发为住宅区是“可能的”。适宜性是一种主观判断场地使用的方法。它涉及有关开发的社会、经济、环境和伦理道德的因素。因此从适宜性方面分析你可以反驳：因为森林具有生态价值所以不宜开发成居住区。

▲步骤

1）使用你的景观单元图做起点。请记住景观单元的建立是为了简化和概括场地的资源特性。每个景观单元都可以看做是在水平维度上有“同一”属性的单元。也就是说，在每个景观单元内的不同部分其景观特性是基本相同的。要严格避免分裂景观单元来表示额外的资源属性。

2）矩阵表可以简便、清晰和有条理地同时表现大量的信息内容，因此是一种评估场地可能性和适宜性的有效工具。开始先建立一个表，在一个轴向上列举所有的景观单元，在另一个轴向上写下所有可能的场地使用功能。在理想状况下，你应该列举尽可能多的场地使用功能。这些功能可以是概括的，例如居住用地，或者很具体的，像公寓、半分离式住宅或者联排住宅等。这时候不要约束自己的想象。

Land use 土地功能	Landscape unit 景观单元				
	Unit I 单元 I	Unit II 单元 II	Unit III 单元 III	Unit IV 单元 IV	Unit V 单元 V
Agriculture 农业					
Residential 居住					
Commercial 商业					

3）这时候我们需要界定一个可能性和适宜性的尺度，典型的一种划分有低度、中度和高度三个级别。这样就可以定性地衡量和评估可能性和适宜性的程度了。为了使评估系统合理可信，你需要定义什么是低度、中度和高度的可能性和适宜性。比如说，你可以用在某个景观单元中支持某种使用功能所需要做的工作多少作为评判可能性的条件。

4）下面为可能性打分，依次评估每一个景观单元是否可能支持所列的开发功能；然后，依次评估每一个景观单元是否适宜进行所列的开发功能。当然也可以用另一张表表示适宜性分级，不过在矩阵表里把相应的格子分成两半，分别表达可能性和适宜性是最简便的。

Land use 土地功能	Landscape unit 景观单元				
	Unit I 单元 I	Unit II 单元 II	Unit III 单元 III	Unit IV 单元 IV	Unit V 单元 V
Agriculture 农业	H/L 高/低	M/L 中/低			
Residential 居住					
Commercial 商业					

以上的例子纯属假设。请记住在你的决策过程中你要详细解释判别相对适宜性和可能性的理论基础。

5）矩阵表完成以后，分析它的形式。哪一个格子显示了高可能性和高适宜性？哪一个是中等的可能性和适宜性？

哪一个是低等的可能性和适宜性？或者三种的混合？这时候可能需要基于这些分级把使用功能分类：根据矩阵表，对于每个景观单元来说什么是最好的和最差的使用功能。这时候你会希望再建立一个表格来表示这些分类。纵览表格，寻找每种使用功能的最佳位置，以及每个单元的最佳使用功能。

6）下一步是考虑对于每个单元来说哪些是潜在的使用功能。评估矩阵表的结果，并把你建议的开发方式标注在景观单元上。这张图纸就成为场地使用建议的基础。可能你会发现在许多景观单元中都有多种开发潜力，需要探究不同的场地使用战略，甚至需要用多张图纸反映不同的开发选择。

3.4.6 撰写报告

在完成了场地清单和场地分析的过程，并准备好为场地的使用提出指导战略时，就可以准备场地勘察报告了。报告的组织和表达至关重要，它决定你是否可以把提出最终的场地使用建议的整个分析过程有效地传达出来。从本质上讲，报告的质量决定了你的使用建议是否可信。

最终的报告应该向读者展示一个详细的研究过程，用来说明你最后的建议和结论是如何做出的。清晰地表述研究过程是再重要不过的。假设你的读者对此项目一无所知。实际上，当你成为一个景观设计师的时候，你的公司会同时进行很多项目，你的同事会把这份报告当做理解这个项目的基础而开始工作。

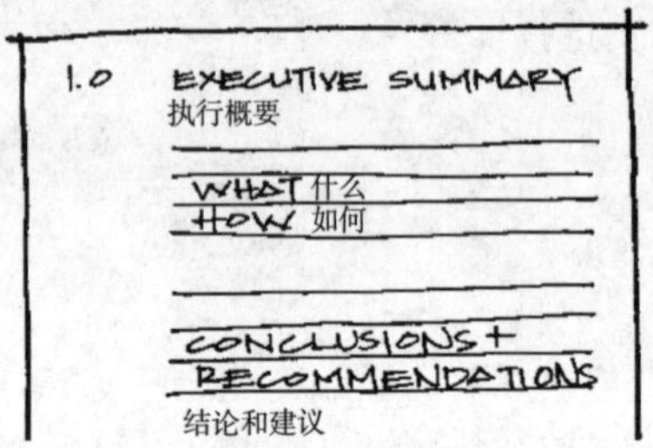

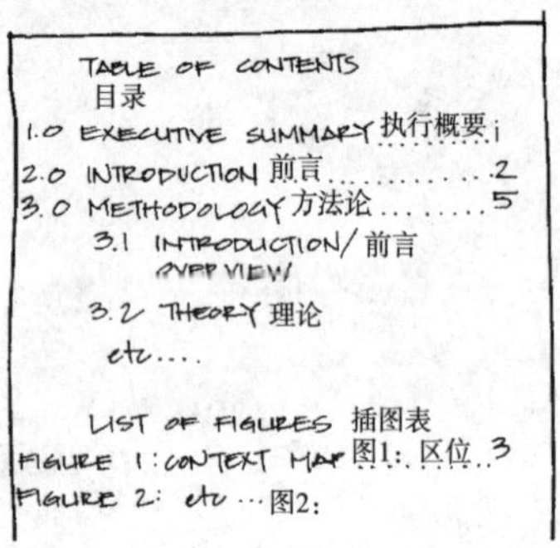

▲步骤

1）最终报告中的第一项是执行概要（ES)。如前所述，执行概要提供一个报告的内容概况。虽然执行概要出现在报告的最前面，但是实际上应该是你最后完成的部分。撰写执行概要的一个简便的方法是用一、两句话总结每个章节的内容。总体来说，执行概要应该告诉读者你做了什么，如何做的，最终的结论和建议是什么。执行概要的长度不应超过一到两段，而且不能包括你的个人意见和判断。

2）报告的下一个部分是目录。保证每个章节和页码都准确地列出。除了文字目录，你还可以加上图表目录。

3）报告的引言应该写明有关你在做什么研究以及为什么要做这项研究的背景信息。在介绍你做这个项目的原因时，你可能需要提供项目的历史背景，来说明项目是怎样发展来的或者是哪个原因使这个项目独特且有价值。你可能需要罗列一些参考文件或研究，提供背景来验证项目的重要性。要记住在引言中最基本的内容是命题陈述。在大多数情况下，命题陈述可以用一到两个句子简练地表达这个项目准备去做什么。

4）报告的主体应该包括能清楚地展示研究过程和详细的土地使用建议的章节。展示研究过程的章节通常叫做方法论部分。从专业杂志的文章可以为简练、清晰的记录方法提供参考。

5）在方法论章节里，要保证你描述了每一个工作步骤。以要点的形式开始记录步骤（如果在笔记本里准确记录了观察结果，就可以很容易地完成这步）。想一想你所做的所有工作，不管看起来多么冗长也要记录下来。总的来说，工作步骤可能会包括：

a. 从理论开始（比如地形理论、微气候理论、植物群落理论等等）；

b. 参照已经出版的地图或者报告（有关研究场地和周边区域的内容）；

c. 实施场地勘察（比如数据收集，现场验证等等）；

d. 准备好资源分布图；

e. 评估场地发展的可能性和适宜性；

f. 提出最终的场地使用建议。

先从大的方面入手，然后再把每一步详细描述，论述你是如何成功地完成每个步骤的。这一章的重点是提供足够的信息，使其他人可以重复你的工作过程。

6）下一步就是把研究结果和讨论展现出来。得到的结果应该与前面的工作步骤紧密联系，必须做到让读者可以理解你是如何得到研究结论的。

在结果和讨论部分，把文字分成若干章节分别论述是一个有效的办法。用方法论一章作为指导。比如说你可以为下面几项做标题：场地清单和分析、场地发展的可能性和适宜性，以及场地使用建议（同时在需要时设置次标题）。这种办法可以帮助你整理自己的思路。考虑到你所有收集的信息，撰写报告的工作量可能会是巨大的。实际上，你可以再将次标题深化到几个重点，以这些重点为主题结构扩大成段落。

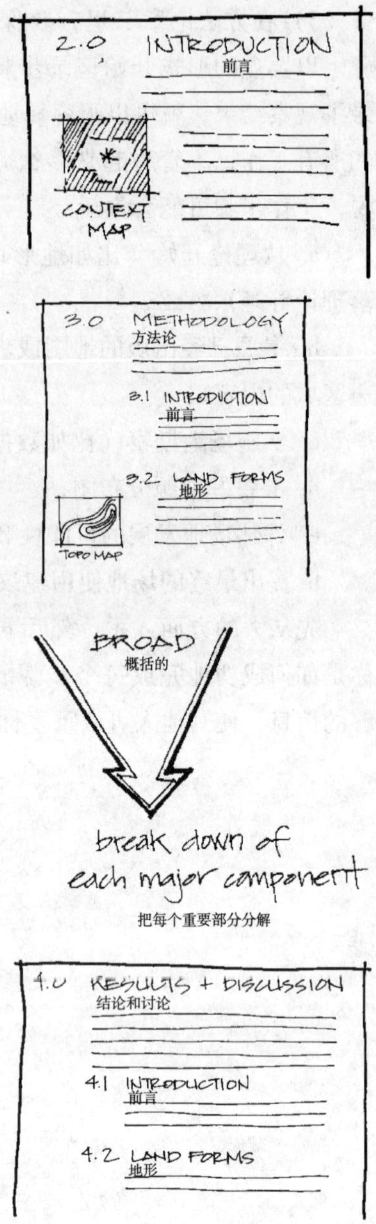

7）这个报告的一个主要目的是提供一系列确凿的土地使用建议。在你准备这部分的时候，要保证你已经提供了足够的细节，让读者可以理解每个使用建议是怎么做出来的以及为什么会这样做。你可以准备一些图纸来表示不同的发展选择。要确保每个结论都是论据充分的。为清晰起见，最好把不同的发展选择放在不同的页面。当然，如果能在最后选择一个最佳场地使用方案就更好了。

8）你的地图应该使文字的内容更加清晰。地图应该紧邻相关的段落，而不是放在报告结尾。每张图纸都应该有统一的格式和指向。因为这些图都是从一个底图上制作出来的，它们看起来是“一套图”。如果使用颜色，你应该选用合适和一致的色彩系列。如果你用灰度表示，要保证它们可以清晰地复制，并且运用表达资源特点的图案形式填充。如果你的时间紧张的话，不要把某一张图纸过分细化而其他图纸相对粗糙。所有的图纸应该是同一深度的。

9）想一想你的报告中最重要的部分：有什么印象、事实和建议是你要告诉读者的？毫无疑问，结论章节应该是报告的总结部分。类似于执行概要，这里应该涉及每个章节。但是和执行概要不同的是，这部分应该包括观点和结论。结论部分应该进一步支持你的研究发现，并强调通过研究得到的土地使用建议。一般来说结论部分包括对需要进一步研究的领域的建议。同样，在专业杂志的文章里可以找到很多优秀的结论部分的例子。

10）你的报告中应该包括所有你引用的资料的索引，包括杂志、书籍、地图等等。标注报告中所有不是你自己观点的部分。也就是说，所有其他作者提出的数据、事实或者观点。在学术环境中，尊重他人极为重要，剽窃的后果是极为严重的。

你的报告中应该有索引部分，以字母的顺序列出所有引用部分的相关信息。这里不包括参考书目。不要列出你没有引用的资料。

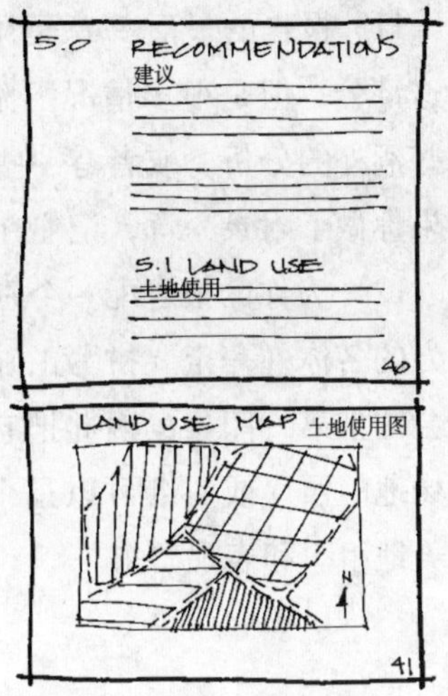

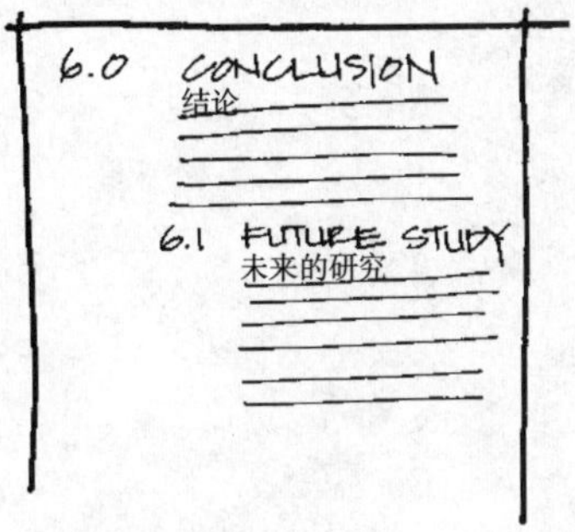

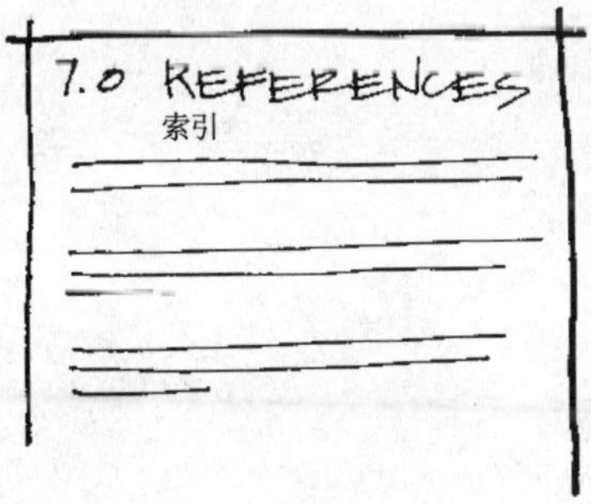

11）报告的最后一章是附录。并不是所有的报告都需要这部分，但是很多情况下附录是很有用的。你可能做了一些额外的分析，或者有一些笔记和草图可以放在附录里。如果你做了附录一章，记住在报告正文中要提到附录。

12）为你的报告配一个别致的封面，要包括项目名称，甲方的名称（一定要拼写正确），你公司的名称和日期。封面会留下第一印象，因此把它做的尽量引人注目。一张揭示场地的照片或图纸可以是个很好的选择。封面信息也要完美地组织和表现出来。

3.5 场地勘察报告

有时候在咨询公司里，项目开始只需要一个快速、简短的场地清单和分析报告。场地勘察报告可以被用来提供对场地的回顾，为设计提供方向。

景观设计公司经常把初级职员派往现场进行场地勘察。现场勘察记录和由此编制的勘察报告形成了日后完成更完善的场地清单和场地分析的基础。场地勘察报告是一个很简单快速的、但是相对细致的报告，以便日后可以在此基础进行深入的工作。它应该包括最初的场地信息：照片、地图、笔记和印象，以及对地形、排水、局域气候和植被等的最初记录。公司的其他人应该仅从场地勘察报告中就能清楚地了解场地，而不用亲自考察现场。进行场地勘察的景观设计师可能会继续参与这个项目，完成场地现状分析和设计。当然，还有同样的可能，另一个设计师会被安排继续这个项目（特别是如我们所期望的，你的职位可能从初级职员得到晋升）。也就是说，你的场地记录会成为其他人工作的基础，因此这个记录必须全面、整洁、准确和易于理解。

3.5.1 内容

一个完整的场地勘察报告应该包括封面、执行概要、目录和包括图纸和文字的报告主体。

1）封面

封面将是业主最早看见的部分，提供第一印象。封面一定要包括项目名称和业主姓名，你的姓名和编制日期。通常建议在封面上放一张描述场地特点的图像。

2）执行概要

执行概要是场地勘察报告中的第一项内容。它被放在目录之前，总结场地勘察中的主要发现。一个构成执行概要的好办法是阅读整个报告，用一到两句话概括每一章节，然后以这些句子为基础完成执行概要。推测、分析或者设计决策放在执行概要中是不合适的。它的内容应该只是你在场地勘察时获得的信息。如果你还觉得疑惑，执行概要的主要目的正如它的名字——繁忙的管理者（或者公司领导）可以仅仅通过阅读执行概要就能大概了解场地勘察报告的内容。

3）目录

每一章节和其起始页码都要列在目录中，以便公司的其他员工可以容易和迅速地找到他们寻找的场地信息。

4）场地勘察报告的主体

场地勘察报告主体的作用是向读者介绍场地。它不仅应该包含有关场地的各方面的内容，还包括你对它的印象，甚至你被某些地块唤起的情感。报告的内容里还应该包含信息收集的步骤以及各方面信息之间的联系。

如果可能的话，场地勘察报告主体应该包括：

· 有关场地历史的记录；

· 场地背景和周边使用状况；

· 到达场地的路径；

· 对于地形和地貌的观察；

· 对土壤的观察；

· 场地的排水方式和问题（尽量选择雨天勘察场地这样就能比较清楚地观察排水状况）；

· 局域微气候和人体舒适度的观察（在晴天和风天考察场地会有助于获取这些信息）；

· 植被记录（使用拉丁名）；

· 对野生动物的观察；

· 人为因素对场地的影响，包括侵蚀、通道、垃圾和场地破坏等；

· 潜在的生态敏感区，特别是珍稀和濒危物种，以及需要特别关注和研究的区域；

· 视域，特别是需要保护值得关注的景观视觉廊道；

· 听觉和嗅觉观察（你在场地中听到或闻到了什么?）。

报告中还应该有场地照片——包括所有你认为重要和值得记录的内容，比如树木、动物生活的迹象、人走过的路径和使用的迹象、重要的风景等。此外，快速且清晰的草图也会帮助记录场地状况。

5）组织信息

首先你需要弄清楚用什么方法能够最有效地向别人传达信息。你希望以专题来组织信息，还是分区域介绍场地?如果分区域介绍，你需要在最初准备一张分区图，以便读者可以理解以后的章节。你的分区方式应该依照场地的不同特点而定。比如你可以按照场地的地形特征、植被特征或者历史特色来分区。如果你以专题来组织信息，从逻辑上说分区图可以在报告的结尾出现。和场地清单报告不同，我们对于场地勘察报告的组织没有什么更偏爱的方式。有些公司可能有特殊的制订方针，而总的来说，其他一些景观设计师可能会觉得分区域介绍更加容易，但是你要根据你所收集的信息情况自己决定采取哪种方式最好。

6）地图

区域的底图副本、航拍照片、等高线图、土壤图等等，都可以是场地勘察报告的组成部分。在这些地图上为重要的部分加上标注是非常合适的（只要保证你的记录整洁、准确和可读就可以了）。所有的地图必须采用同一方向（应该朝向同一方向），并且都要有指北针、比例尺、取得或者绘制的时间，和图纸来源。这一点很重要，因为其他人可以检查和重复你的工作。如果地图的来源不清，把联系方式标注在图上，这样如果公司需要找到另一些同样类型的地图就很方便了。

你自己绘制的地图也很重要。制作清晰的表示场地特性的图纸，配上记录、评估、看到的风景、参考照片和草图，可以向其他景观设计师提供许多信息。场地的断面图可以帮助洞悉场地，为场地分析和设计决策做准备。地图一定要清晰地加上标签和说明。指北针是必不可少的，但是这类图不一定是按比例绘制的。

你的场地勘察报告一定要包括一张清晰标注不同部分的分区图。这张图是下面要完成的场地清单图的基础。分区图应该清晰地绘制，加上标签，并附有你划分各区域的理由。这张图还可能帮助读者找到其他章节以便查询相关信息。分区图应该按比例绘制，并附比例尺。因为地图可能有许多读者，应该选用常用的比例尺（比如1∶100，1∶200，1∶500，1∶1000等），并且清楚地标识出来。

7）附录

文章：如果你找到了一些报纸上的有关场地的报道，或者一些学术文章，可以将它们复制下来放到报告里。记住要标上文章的来源和日期。

场地笔记：你所有的场地笔记都应该收录在报告的结尾。这非常重要，因为你的场地观察中可能包括一些决定项目成果的关键看法。同等重要的是，其他参与这个项目的人需要看到你做了什么，什么时候完成的，以及你如何开始场地分析的。这就是说，你的场地笔记应该整洁、清晰、全面和易理解。你还应该记录每次现场勘察的日期、时间、天气状况，因为这些会直接影响你的观察结果。当你做记录的时候，采用可以附在报告结尾的格式，并且贴上清晰的标签。

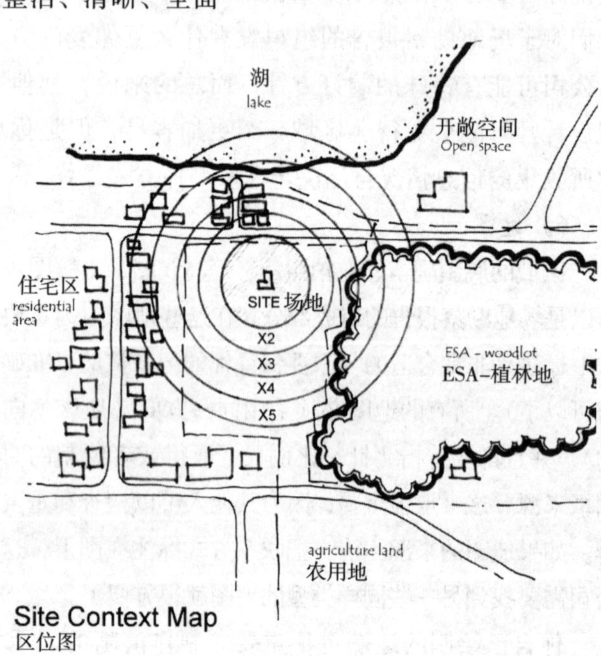

Site Context Map
区位图

3.5.2　步骤

以下章节讲述了编写场地勘察报告的步骤。有一点很重要：你的步骤应该是透明的和可以重复的。也就是说，其他人应该可以依照你的报告步骤得到基本相同的结论。

1）第一次体会场地——走访场地，包括场地内和周边地区。听一听，闻一闻，体会场地告诉了你什么。这是一种非常实验性的尝试。

2）查看一下地图，找到场地在大区域中的位置。地域背景在设计决策中极其重要。要记住在城市边缘地带土地的使用性质变化很快，因此你的地图必须是最近的版本，否则它所传达的信息只不过是用地的历史，而不是现在的情况了。记录道路状况、到达路径和附近地区的土地使用状况。以场地每个方向大概5倍的长度所圈定的地区作为研究场地的周边区域范围。带着不同地图的复印件，直接在复印稿上做草图和标注周围的用地状况。当你回到办公室以后，这种方法可以使总结场地调查的工作步骤得到简化。

看一看场地的周围有什么——如，住房、道路、工业用地、农田，或者森林等等。做 些简单的用地面积计算(百分比)。标注更大范围的土地使用状况：相邻城市用地，典型的农业用地，旅游用地，以及重要的自然地貌等等。

3）在航拍照片中观察场地（如果可能，最好看立体照片)。想象你在一个热气球中从空中观察场地。当然如有可能，租一个热气球上天亲自体验是更好的。你有没有看到一些构成格局呢？在航片上放一张醋酸纤维描图纸，标注你发现的所有格局。你要知道有的地方航片质量很高，且几年就更新一次。但是安大略不属于这类地区，一些航片是过时的。这些航片用来做历史回顾还有价值，但是做场地现状考察其价值就不大了。不过你可以和当地的规划部门取得联系，找到有关场地的其他信息，甚至最新的航片。

4）带上地图的复印件、航片、硬皮笔记本和铅笔，再次走访场地。

看看你能否找到你在航片上发现的场地构成格局。也就是，找到森林的边界，在航片上定位你现在的位置，找到一棵明显的大树或者找到大型树冠区转变为小树冠区的

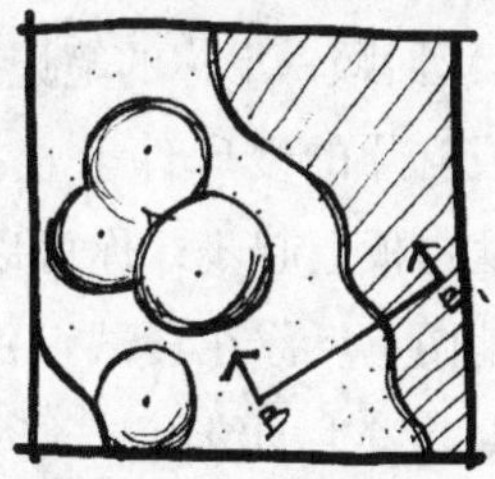

Sketch Plan of moisture-with cross section
关于湿度的草图（带横剖面）

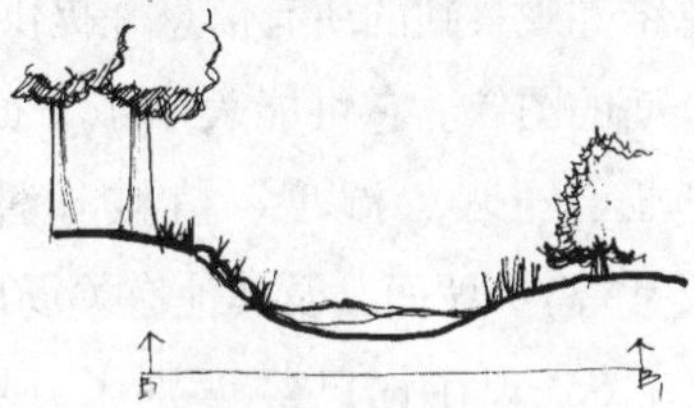

Sketch Plan - Noise from cars
草图-汽车噪声

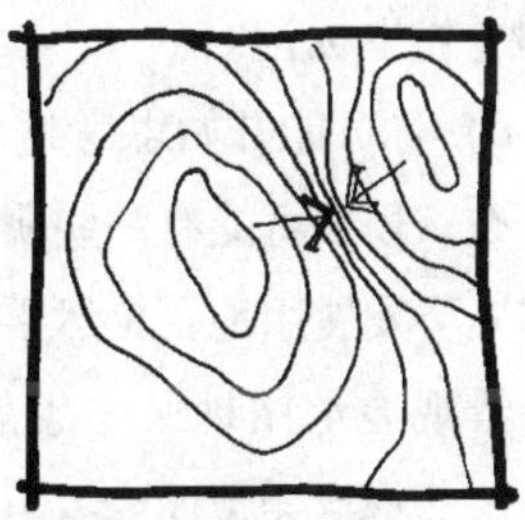

Sketch Plan - Contours
草图-等高线

分界。你要试着在地面上找到所有发生的情况，看看航片上显示的格局信息是否在陆地上真实存在。记录下来除了植被状况以外的其他任何变化，例如土壤变化，地形变化，湿度变化等等。

在你的笔记本中用草图说明你的注解。在地图或航片的复印件上直接做记录。在格局或者景观特点变化处，你可以做一个三维草图或者剖面来记录你观察到的变化。这在地形和植被变化频繁处尤为重要。

5）回顾一下你的笔记，重新绘制重要地图。如果你在地图或航片的复印件上直接做了记录，这时候你会发现，比起从白板上起步，你可以更容易地把记录信息转到你自己的地图上。你在尝试识别在场地中发现的格局，并理解和解释其发生的缘由。

上面的工作结果是完成一张合成地图，总结你观察到的所有信息并提供一个场地的全面的图像。它可能表示了下面几项内容：地形、土壤、湿度、植被（种类、年龄、尺寸等）、坡面，及其他有关场地的内容。

Sketch Plan - Vegetation zones
草图–植被分区

6）现在你已经识别了一些模式，再去走访场地。这一次首先要检查你确定的形式和范围是否有道理。然后，在每个区域里寻找不同点，即不符合区域特征的部分。你可能会发现一株稀有的植物，一个动物的巢穴或者不寻常的地形，然后把这些内容记录在整体模式中。

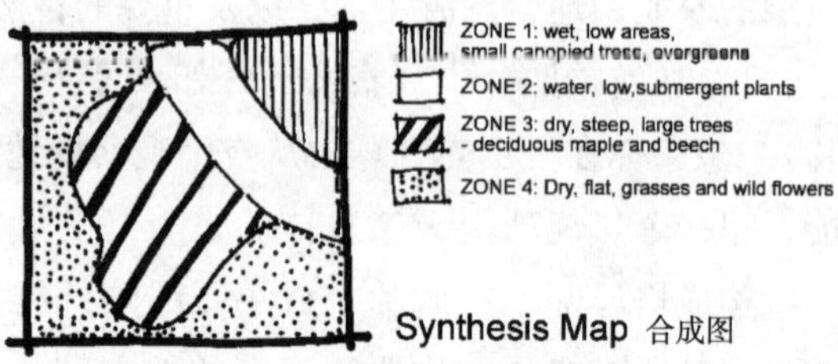

Synthesis Map 合成图

1区：潮湿，低地，常绿，小树冠
2区：水体，低地，水生植被
3区：干燥，陡峭，大型落叶枫树和榉树
4区：干燥，平坦，草坪和野花

7）这个场地可能包含具有独特或美妙景色的区域。如果有特殊的风景你要在地图上做上标记。

8）你可能开始思考这块场地未来可能做什么。场地可能有一些明显的用途，譬如用作人类发展用地，自然再生用地，教育用地，景观展示用地……想想场地由什么组成，这些特点会帮助或者阻碍哪些使用的可能性。

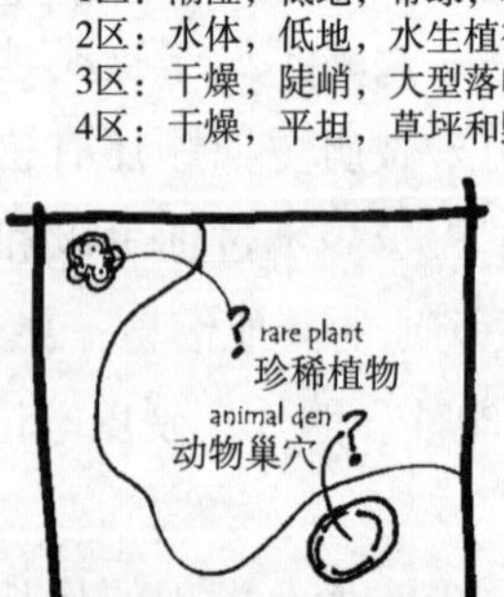

Special Features Map
特色图

第四章　与设计的结合

在完成了前面的数据收集、分析、合成和景观的总体评估以后，你就准备好把这些信息应用到设计和规划中去了。办法有很多，但是你会发现某些对你更适用。你可以在实际项目中尝试任何一种途径，或者所有办法。你对场地和设计的关系的探索越深入，你的设计方案会越合理完善。

下列的大多数方法采取由下而上的顺序。也就是说，运用已确定的场地信息引导场地的使用。最后的一种方法——功能图法，更多地使用了由上而下的“项目决定式”。这种方式在项目已经确定时很有用。

4.1 依照场地传达的信息设计

从你绘制的景观单元图着手，提取可能性和适宜性分析中的结论，确定最适合每个景观单元的用途。这些用途可能最适应于场地的生态结构和物理构造，而且与场地的生态发展进程一致。比如，一片成熟的枫榉林可以用来做枫糖制造，而且可以选择性（移除成熟树木）地换植黑樱桃树和胡桃树等高经济性树种。居住区或道路附近的农田可以用作居住用地。如果你建议在这里建住宅，你需要同时给出建设导则——包括选择什么样的住宅形式（例如建筑群应该建设在产量最低的农田区域），需要道路的数量和级别（例如一条窄的公共渗水性沥青路通往各个居住组团。道路在冬天需撒砾石并不得使用盐，路肩种植野豌豆并不得使用化肥等），和公共空间的使用等（例如社区花园，自然生态恢复用地等）。

业主提供的项目建议书可以作为你设计的参照，但是对场地使用的建议应该主要来自场地自己的特性。在完成场地评估以后，你可能已经比其他任何人更了解这块土地，并且可以提出最适宜场地的开发用途的建议，这些建议可能是业主从未想到的。

4.2　实践中应用的原理

这个方法要从原理的角度，依次考虑整个场地和各个景观单元。原理既可以是有关自然现象功能的准则，也可以是决定内在属性的基本品质。你将运用这两种原理来设计。

第一种原理与你在景观评估中研究的六个自然景观元素有关（即，地形、气候、水、植被、动物和土壤）。你应该尝试使设计适应于自然景观的结构和过程。为了保证达到这个结果，我们可以列出相关的自然原理，验证设计概念是否和这些原理有冲突。比如下面的例子：

湿地和小溪隶属于一个需要保护的重要的水文系统。

湿地内保留了雨水使其能够漫漫渗入地下成为地下水。地下水随着泉水重返地面并不断补充溪水。如果湿地被毁坏，雨水会快速地直接流入小溪，这直接导致河道被侵蚀，而水土流失又引起下游发生沉积作用。小溪也会在一年的大部分时间里干涸。

你可以发现自然生态原理是如何指导有关湿地和小溪的开发活动的。如果有人决定变动湿地，他要明白由此而带来的后果，这些后果必须设法缓解和补偿。

第二种原理，即"决定内在属性的基本品质"，与你希望在设计之后场地具有的性质相关。你希望场地有哪些特性、元素，或者是场地会发生哪些特色行为？比如下面的例子：

使生活空间朝南向并设悬挑设施。

人们在室外的活动空间应该朝南以获得充足的阳光。住宅的主要居室和大部分窗子应该朝南，光线不应该被结构构件遮蔽。为保证在所有季节里光线都能很好地发挥功能，应该设置悬挑设施。在夏天艳阳高照时遮挡太阳光，在太阳高度角小的季节（如冬季）让光线进入居室。

一旦你列出了这些保证合理开发的原理，就要在设计中使用这些原理。

4.3 不断细化的场地评估

在这个方法里，依次研究各个景观单元，推导出更细化的景观评估单元图。当你的景观单元的大小和项目元素的大小相当时，景观单元的尺度就合适了。比如，你发现一个景观单元既可能又适合做住宅基地，这正好是业主非常期待的。把这个单元进一步研究，如果你在细化的景观单元里标出坡度和朝向，你会发现有些地区朝向南方，是理想的住宅基地。平坦的地区可以更容易地建设道路。场地中的平地的分布格局也许可以使你有机会设计一种有趣的道路形式进入地块。

植被现状可以提供线索告诉你哪里更适合作公园。当你进一步考察时你发现一个植被斑块内遍布挪威枫树，这是一种赶走了本土植被的入侵型树种。这样的话这片树林没有什么生态价值，可以作为城市公园用地承受游人的踩塌和扰动。另一个斑块可能有珍稀树种，是具有生态多样性的自然地块。这个信息告诉你要保护这个区域，阻挡人们使用它。

随着你对场地的更深入地研究会显现出来的其他形式包括：适合做化粪场地的区域，可以不受低视觉质量景观干扰的重要空中视廊，以及土壤肥沃的可以做社区花园的地区等等。让自然地貌和性质决定你方案的形式。因为每个地块都有多种可能的用途，因此你的创意空间依然很大。就像玩一个有无限可能的拼图游戏，当然有的答案会更好些。

4.4　设计理想的生态景观

如果你研究的场地具有出色的生态完整性和生态价值，或者你的客户希望把场地恢复成自然状态，你就要转换角色将生态系统当成你的客户。对地形、微气候、水系、植被、动物和土壤来说什么措施是最好的？依次研究每个景观单元，确定每个自然系统在被破坏以前是什么样子的。然后综观景观的整体，看看不同的生态系统是如何相互作用的。运用景观生态学的理论来设计和规划生态系统的相互作用，运用生态恢复的技术来建议场地如何能恢复到自然状态。

4.5 宗旨和目标

以景观评估为基础，写下一些你的设计宗旨。让这些宗旨既详细又概括，详细到以后你能够判定它是否达到，概括到不构成具体目标。目标比宗旨更具体，与宗旨有直接的关系，更容易实现和验证。

举个例子，在一片场地里有大量高质量的砾石，但是这些砾石大部分都在地下水位线以下，开采这些砾石实质上就造出了一个湖。其中一个宗旨可以是：

砾石开采不应影响附近溪流的水质。

另一个宗旨可以是：

由砾石开采形成的湖泊要设计成具备最大的生态完整性。

下面看看与这些宗旨对应的目标。

宗旨1：砾石开采不应影响附近溪流的水质

目标：

1）在溪流流域100m范围内不得开采砾石；

2）应用沉淀池去除水中的沉积物。从沉淀池中排出的沉积物的数量和溪流中所有的沉积物相等；

3）不准破坏在溪流流域50m范围内的植被。

宗旨2：由砾石开采形成的湖泊要最大限度地满足生态完整性

目标：

1）从岸边到湖中10m的范围内，湖岸的坡度不得大于1∶10；

2）在湖边周围10m的范围内种植可以在5年内成熟的本土植被；

3）湖的一个支流在到达小溪前应该经过一片湿地。

宗旨和目标是在景观评估的基础上制定的并且成为场地开发的指导。

4.6　性能指标

在这个方法里你通过一系列评判指标确定最终的性能应该是怎样的，把设计的细节留给设计师的创造性来完成。这些评判指标应该被清晰地分类，并与景观评估联系起来。

举个例子，用地里有一块正常发挥功能的自然湿地和部分一级耕地。

• 生态性能指标

a. 创造一个处于自然状态的、能发挥同样生态功能的新湿地，其面积不小于现存湿地（注意这里允许设计师取消现有湿地并在场地其他区域设置一个新湿地）；

b. 不得在湿地中引种非本土植被；

c. 湿地应通过有效的廊道与场地周边的湿地系统相连。

• 农业性能指标

a. 一级农田用地不可以作为农业不能使用的土地（注意这里并不要求土地作为农田使用，而是说土地不能用作在将来不可恢复成农田的用途）。

b. 不得通过农业活动使化学农药、除草剂和杀虫剂进入湿地中。

这个方法使得设计师有更多的灵活性。比方说如果湿地的位置正好是场地中最有价值的地段，假设在主路旁边，它可以被改造成一个商业中心。不过客户必须在场地内的其他区域创造一个至少和现存湿地同等面积的、具有同等生态重要性的湿地。可能这样做会花费巨大，但从经济性讲是值得的。

4.7 设计导则

设计导则法和我们前面讲的有些方法类似，比如实践原理法和宗旨目标法。不过，它们有一个重要的区别是：这种方法直接联系到如何设计和施工。运用设计导则法的优点是它可以清楚地指导设计，可以回溯到景观评估来证明和解释设计。

设计师可以制定各种设计导则，从重要的生态行为，到健康问题，或者生活舒适度质量。

• 生态设计导则

a. 自然地区应被保护，不得有任何开发；

b. 自然的区域应最大化，并且尽量成圆形；

c. 自然区域的边缘不应是波浪形，而应尽量成直线，并且呼应自然系统的走向。边界区域应该有至少 10m 的缓冲区，种植低矮有刺的灌木和蔓生植物阻碍人的进入；

d. 直径大于 0.2m 的树木，在其滴水线范围内必须在整个施工期间予以保护；

e. 在自然区域的 10m 范围以内不能进行建设。

• 健康设计导则

a. 莱姆病（Lyme disease）在这个地区多有发生，在通过这个自然区域的小路上应该有警示危险标识。砾石铺就的小径应该至少 2m 宽；

b. 道旁植被要修剪整齐以防行人不小心被枝叶碰到；

c. 所有的公共建筑，尤其是医院和退休人员设施，应该有从各个房间都能看到的花园。有迹象表明自然景观可以降低心率和血压，并且有助于更快地术后康复。

• 生活质量导则

a. 应该保留通往自然区域和河流的视觉廊道，尤其是通往公共建筑的视觉廊道；

b. 室外活动场地应该注意局域微气候的营造，使人们在各个季节都有一个舒适的活动场所；

c. 活动区域应该朝南，并且设置至少 2m 宽的悬挑遮阳设施，以便在夏季遮挡阳光，而冬天又能透过阳光；

d. 在室外区域的西部和北部边界种植针叶树作为挡风带（最好是雪松，间隔 0.5m 种植）；

e. 改造过的湿地应该仍然是人与自然接触的场所；

f. 设置讲解设施和架空木板路，方便公众或者学生团体进入区域。

在设计过程中你要把制定的导则放在身边。如果有人质疑你为什么做出某项决定，你可以用景观评估和设计导则告诉他其中的道理。

4.8 功能分析图（泡泡图）

从业主提供的项目内容着手。里面可能包括的内容有：住宅，一个高尔夫场地，垃圾收集处，工业用地，城市公园，游泳池，社交花园等等。把这些业主提供的内容写在一张大纸上并在每个内容上画个圈，然后寻找这些内容之间的关系，并把有关系（不管是积极关系还是消极关系）的内容标记出来。

把有积极关系的内容（可以相邻设置的内容）用一条线连接起来。把有消极关系的内容用表示障碍的符号连接。住宅和垃圾收集场地通常来说是不协调的（没有人愿意住在垃圾堆旁边），因此在这两个圈之间画折线以表示它们必须分开设置。住宅和高尔夫场地可能是很协调的。实际上，把这两种用地相邻布置可以使住宅和高尔夫场地都提升价值。这时候你可以重画这两个圈，把它们靠近，甚至放在一起。继续这个尝试，寻找有协调关系的和那些在一起可以产生有趣或让人兴奋的功能的圈。总会有人第一个想到把住宅和高尔夫场地放在一起可能是很协调的，你也许找到一种途径证明把住宅和工业用地放在一起也是可以的。比如一个轻工业的用地，可以设置一个与场区相协调的住宅综合区。这些住宅可以让工人免受每天长途奔波之苦。发挥你的想象，用这些“泡泡”表示各种可能的想法。

当你把这张图更新了多次并且已经对所有关系都感到满意的时候，转向你的景观单元图。把每个景观单元当做一个圈，在里面写上所有你做景观评估时得出的可能性和局限性评估。标出最适合的用途，以及在一定条件下合适的用途。

现在试着把你做的关系图放到景观单元图中去。开始看起来它们不相配，但是你可以不断尝试，最终找到好办法，把活动和设施放到场地中去，使得那些关系依然存在，同时场地的完整性也得到很好的保护。

有时候人们会过早地放弃，认为这些尝试根本不可行。然而，如果你坚持不懈，就可以找到办法使它们协调起来。而且结果往往是你在开始尝试时无法想象的。

第五章　景观评估范例——西尔兹地产景观评估

西尔兹地产位于加拿大圭尔夫市圭尔夫大学以北。业主希望在此场地上开发一个与当地气候相宜的住宅项目，要求所有住宅规划设计满足节能要求，并能全年提供温度适宜的户外活动场所，委托我们完成一个景观评估，制作场地勘察报告。

本项目的要求是做一个景观评估。依据本书前面详细讲解的工作步骤和方法，制作工作中先后进行了现场考察、搜集资料、制作分析图、撰写场地勘察报告和景观评估。最后依据景观评估结果，对住宅开发提出建议。

西尔兹地产场地勘察报告

委托方：西尔兹

编制人：管悦

执行概要

本报告的目的是进行西尔兹地产的景观评估，作为住宅开发的基础，满足业主对气候适应性和节能性的要求。

西尔兹地产位于加拿大安大略省圭尔夫市圭尔夫大学东北。地块的东北面邻接伊若莫萨河，西南比邻维多利亚大街。通过深入的场地勘察和场地分析，本报告将地块的动植物状况、地形地貌、现状用地分析、土壤状况、水文状况和微气候状况做出总结，并在此基础上将场地划分为不同的景观单元。根据景观单元图，报告最后对西尔兹地产的住宅开发提出了场地使用建议。

目录

1.0　引言 …………………………………………… 86
2.0　方法篇 ………………………………………… 87
3.0　结果和讨论 …………………………………… 96
4.0　参考书目 ……………………………………… 97
5.0　附录 …………………………………………… 98

1.0 引言

西尔兹地产位于加拿大安大略省圭尔夫市圭尔夫大学东北（图1），业主希望在此基地上开发一个适应于当地气候的住宅项目，委托我们完成一个景观评估。业主要求所有住宅规划设计满足节能要求，并能保证全年有温度适宜的户外活动场所。

本次评估通过研究场地的卫星照片、地图和搜集到的其他相关背景资料，以及到现场的多次实地考察，对目标用地的使用状况、动植物状况、地形地貌、土壤状况、水文状况和局域气候条件等进行了分析，并把分类分析的结果汇总为景观单元分析图。报告的结果综合反映了场地的现状、开发潜力和约束条件，可以作为开发建设的基础依据。

图1　西尔兹地产区位图

2.0　方法篇

2.1　概述

本评估将场地分析的内容分为 6 个方面，分别是现状使用状况、动植物状况、地形地貌、土壤状况、水文状况和局域气候条件。整个工作过程包括背景资料收集、专家咨询、场地勘察、绘制单项分析图、制作景观单元图等内容，具体的工作步骤为：

1）背景资料收集和分析：包括已出版的地形图、土壤分布图、动植物状况资料、水文资料、气候资料、地形地貌资料等，将重要信息做笔记；

2）获取场地及周边地带的航拍照片并分析场地内的地貌、植被、建筑等信息；

3）制作底图；

4）到现场考察：随身携带航拍照片、底图及笔记本，运用各种感官感受，分析场地的土壤特点、水文特征、坡度坡向、植被分布、温度、风速等。和当地居民交谈，了解他们对场地的认识和期待。最后将所有观察到的信息做记录；

5）信息核对：将现场采集的信息和搜集到的背景信息进行核对和更正。如果有不能确定的部分向相关专家咨询或者再次考察现场；

6）制作分项分析图纸：将水文、植被、野生动物、微气候、土地使用，以及其他任何有关场地的独特的和重要信息分别叠加到底图上。每张图纸只表示一到两个方面的信息。最终合并在一张图纸上分项有地形图和土壤图、微气候和水文图、植被图和现状使用图；

7）制作景观单元图：使用资源信息重叠法，将以上各个方面的分析图重叠，得到简化归纳后的资源分析图 - 景观单元图；

8）撰写场地勘察报告。

2.2 场地底图

场地底图是一个项目勘察报告里所有地图的模板，约定了所有图纸的比例、基础信息和表现风格，是制作所有图纸的起点。底图中应该包括场地边界、地形等高线、现状建筑、水体、道路和铁路线等。本评估中使用了安大略省的基础底图和加拿大自然资源部的部分底图，以及2002年Northway影像公司圭尔夫市航拍照片作为依据，制作出西尔兹地产场地底图。

2.3 地形地貌和土壤图

根据安大略省矿务局1963年圭尔夫地区地理状况图以及现场勘察得出本场地的地形地貌图。土壤信息来自1962年加拿大农业部（渥太华）惠灵顿地区土壤图和1994年圭尔夫草场研究院土壤图。地形地貌和土壤信息被叠加在一张图纸上，显示出地形和土壤之间的关系，以及不同的土壤排水性能的差异。

2.4 植被和现状使用图

根据2002年Northway影像公司圭尔夫市航拍照片和现场勘察可以得到植被和现状使用图。其中用地内的植被分区为：

农业用地——现种植豆类和玉米。

草场区——草地和小面积再生植被。

果园——残留的苹果和梨树园，树木因为未修剪而长得过大。果园的存在显示附近可能曾有居民。

高尔夫球场——高尔夫场地实验区、球座地块和草皮研究用地。

农业林地——玉米与行列树木的混合，树木包括杉类（Picea）、胡桃类（Juglans）、枫类（Acer）和白杨类（Populus）。圭尔夫大学研究实验场地。

悬崖植被——东方白松（Thuja occidentalis），糖枫（Acer saccharum），白蜡树（Fraxinus Americana）。

滨河植被——曼尼托巴枫树（Acer negundo），山茱萸类（Cornus series），黑柳（Salix nigra），欧洲鼠李（Rhumnus cathartica）。

野生动物信息：在场地中看到的动物包括鲑鱼、加拿大鹅、鹰、山雀、海狸等。

2.5　微气候和水文图

应用2002年Northway影像公司圭尔夫市航拍照片，以及现场勘察对地形的观察结果，可以看出坡度、坡向和周边的地形状况对局域气候起决定作用。本地区的冬季主导风向为西北向，在丘陵的开阔地带，南向的地区能够得到高密度的太阳光和相对较少的风，因此干燥而温暖；而北向的坡地受主导风的影响较大，同时由于太阳入射角度较小而只能得到少量的太阳光照，因此寒冷和相对湿润。山坡上的植被也会影响局域气候。落叶乔木在夏季可以遮挡太阳光，而冬季则可以让太阳光充分地照射地面。常绿树种在各个季节都可以遮挡阳光，尤其可以在冬季阻挡寒风。因为风经过高地时挤压地面风速加大，因此山顶区的风比较大。

水文方面，场地北面有Eromosa河流过，河岸附近还可以发现一些排水道。Eromosa河是个小支流，将汇入Speed河并最终流入Grand河。除此之外，草场研究院附近可见一些灌溉设施。

2.6　合成分析图－景观单元图

将以上各分析图重叠，简化和归纳所有分析得到的结论。本案中将住宅开发的气候适宜性作为综合景观单元的主要评判指标，依次考虑局域气候，地形地貌、现状使用状况、水文、动植物、土壤等其他因素，将场地分成不同适宜性的9个景观单元，作为地产开发建议的基础。

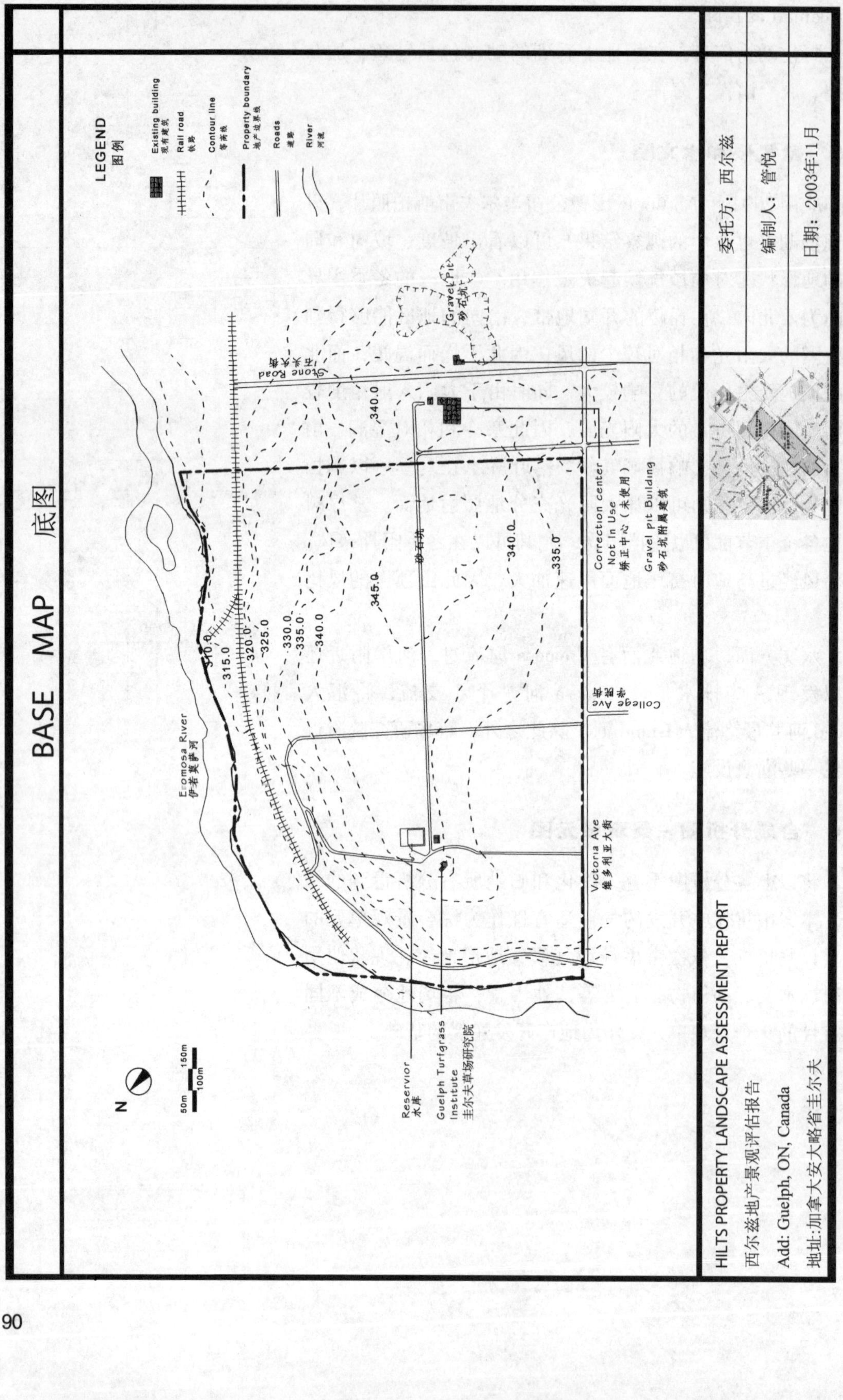
BASE MAP 底图
LEGEND 图例
Existing building 现有建筑
Rail road 铁路
Contour line 等高线
Property boundary 地产边界线
Roads 道路
River 河流
Eromosa River 伊若莫萨河
Stone Road 石头大街
Gravel Pit 砂石坑
340.0
Correction center Not In Use 矫正中心（未使用）
Gravel pit Building 砂石坑附属建筑
335.0
340.0
345.0
砂石坑
310.0
315.0
320.0
325.0
330.0
335.0
340.0
College Ave 学院街
Victoria Ave 维多利亚大街
Reservior 水库
Guelph Turfgrass Institute 圭尔夫草场研究院
N
50m 150m
100m
HILTS PROPERTY LANDSCAPE ASSESSMENT REPORT
西尔兹地产景观评估报告
Add: Guelph, ON, Canada
地址:加拿大安大略省圭尔夫
委托方：西尔兹
编制人：管悦
日期：2003年11月

TOPOGRAPHY AND SOIL MAP 地形和土壤图

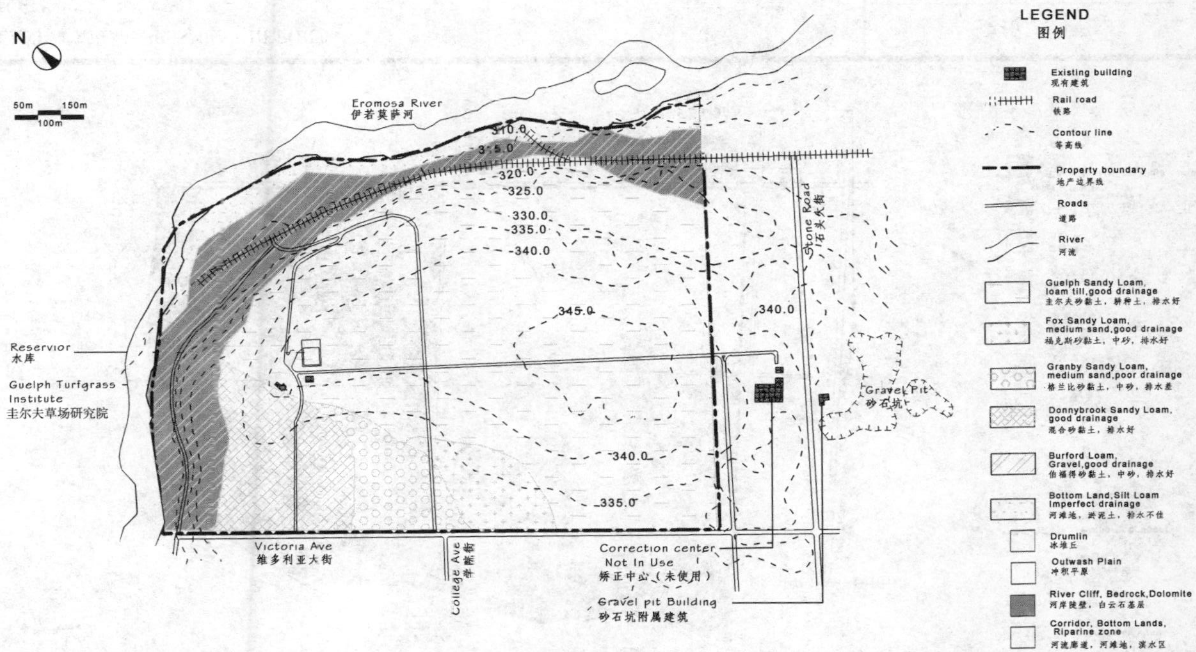

HILTS PROPERTY LANDSCAPE ASSESSMENT REPORT

西尔兹地产景观评估报告

Add: Guelph, ON, Canada

地址:加拿大安大略省圭尔夫

委托方：西尔兹

编制人：管悦

日期：2003年11月

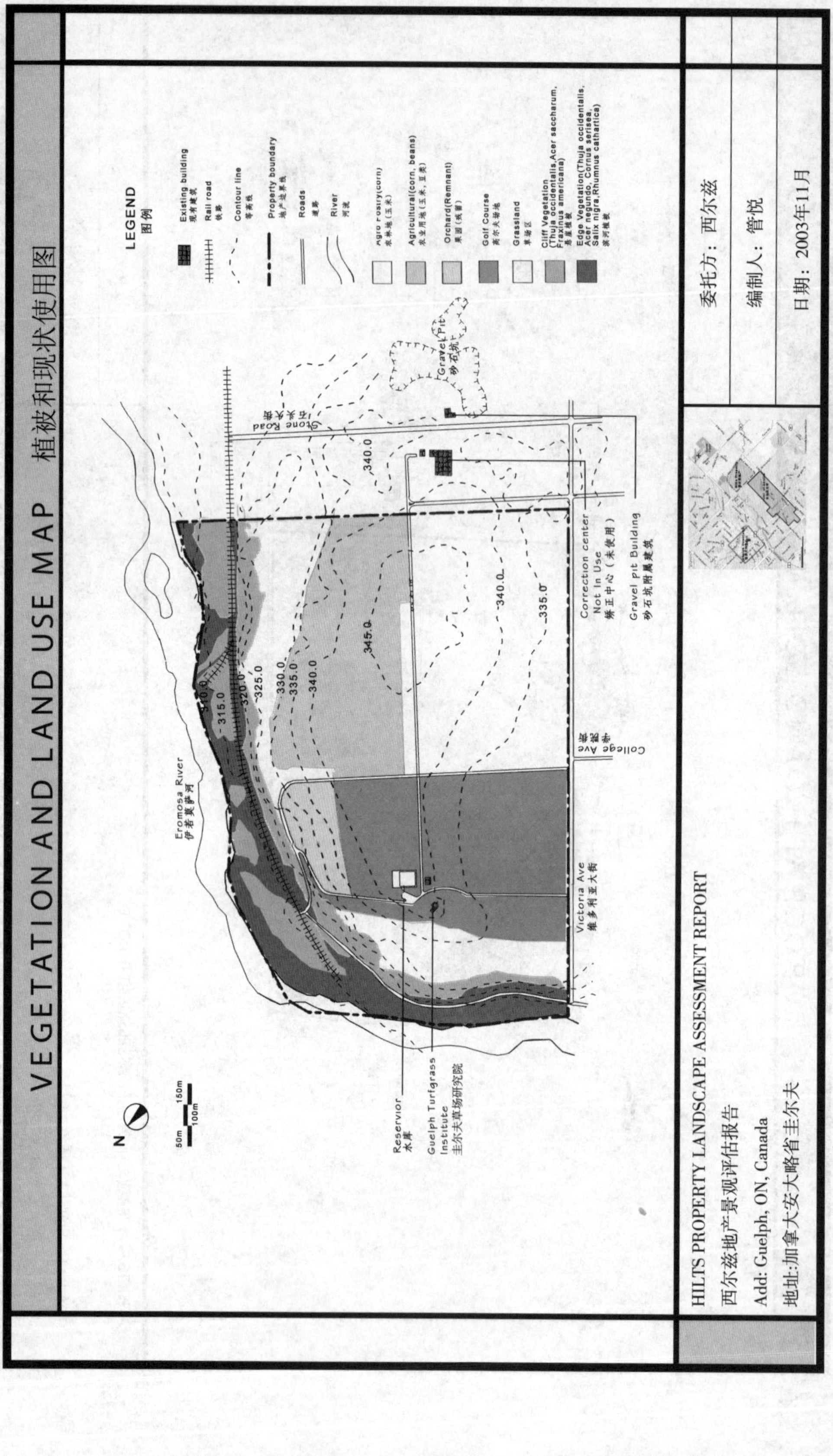
VEGETATION AND LAND USE MAP 植被和现状使用图
LEGEND 图例
Existing building 现有建筑
Rail road 铁路
Contour line 等高线
Property boundary 地产边界线
Roads 道路
River 河流
Agro rosry(corn) 农林地(玉米)
Agricultural(corn, beans) 农业用地(玉米,豆类)
Orchard(Remnant) 果园(残留)
Golf Course 高尔夫球场
Grassland 草场区
Cliff Vegetation (Thuja occidentalis,Acer saccharum, Fraxinus americana)
Edge Vegetation(Thuja occidentalis, Acer negundo, Cornus serisea, Salix nigra,Rhumnus catharica)
N
50m 150m 100m
Eromosa River 伊若莫萨河
Stone Road 石头大街
Gravel Pit 砂石坑
College Ave 学院大街
Victoria Ave 维多利亚大街
Correction center Not In Use 矫正中心(未使用)
Gravel pit Building 砂石坑附属建筑
Reservior 水库
Guelph Turfgrass Institute 圭尔夫草场研究院
310.0
315.0
320.0
325.0
330.0
335.0
340.0
345.0
HILTS PROPERTY LANDSCAPE ASSESSMENT REPORT
西尔兹地产景观评估报告
Add: Guelph, ON, Canada
地址:加拿大安大略省圭尔夫
委托方:西尔兹
编制人:管悦
日期:2003年11月

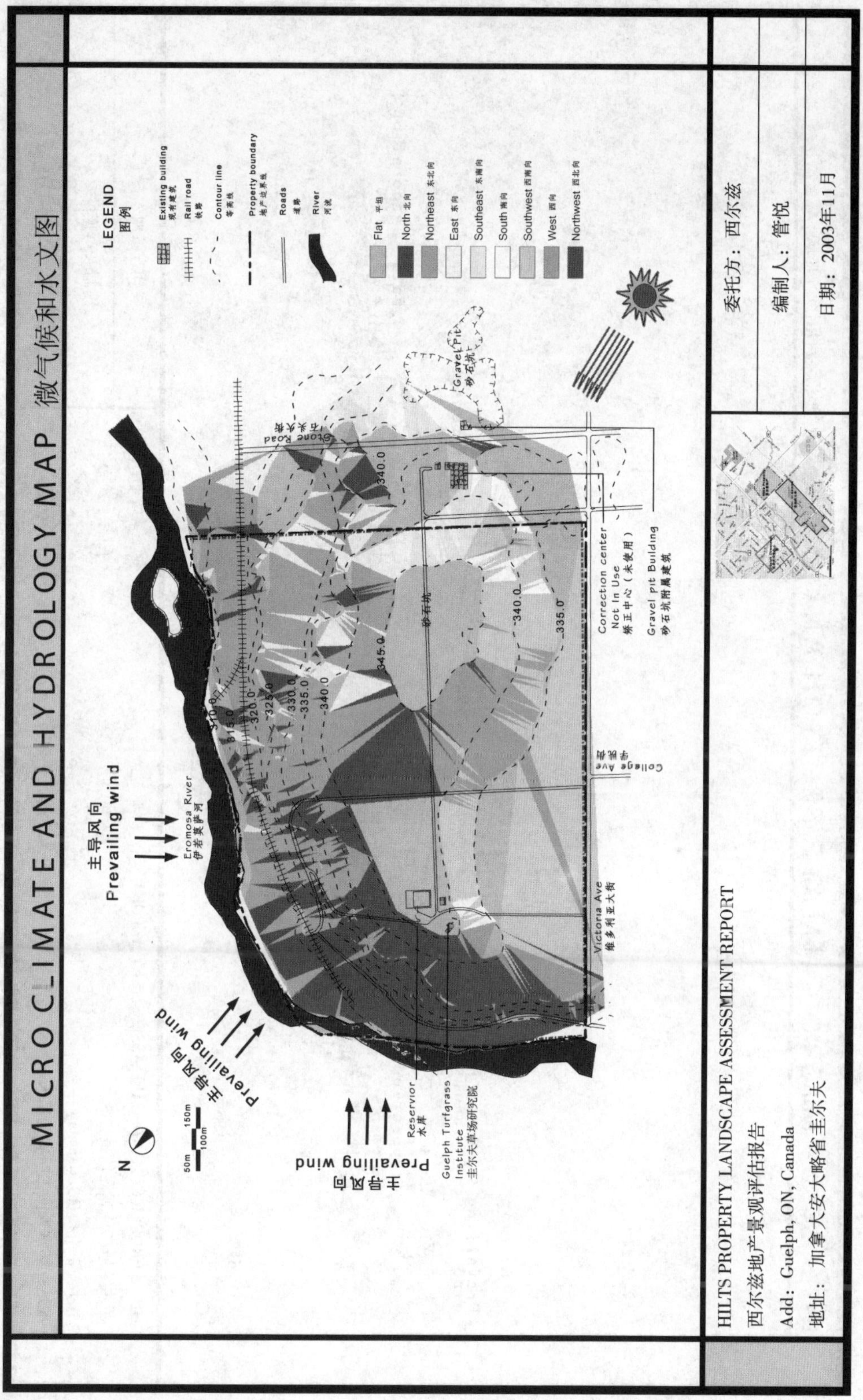
MICRO CLIMATE AND HYDROLOGY MAP 微气候和水文图
LEGEND
图例
Existing building 现有建筑
Rail road 铁路
Contour line 等高线
Property boundary 地产边界线
Roads 道路
River 河流
Flat 平坦
North 北向
Northeast 东北向
East 东向
Southeast 东南向
South 南向
Southwest 西南向
West 西向
Northwest 西北向
主导风向
Prevailing wind
Eromosa River
伊若莫萨河
Reservior
水库
Guelph Turfgrass Institute
圭尔夫草场研究院
Victoria Ave
维多利亚大街
College Ave
学院路
Stone Road
石头大街
Gravel Pit
砂石坑
Correction center
Not In Use
矫正中心（未使用）
Gravel pit Building
砂石坑附属建筑
310.0
315.0
320.0
325.0
330.0
335.0
340.0
345.0
N
50m
100m
150m
委托方：西尔兹
编制人：管悦
日期：2003年11月
HILTS PROPERTY LANDSCAPE ASSESSMENT REPORT
西尔兹地产景观评估报告
Add：Guelph, ON, Canada
地址：加拿大安大略省圭尔夫

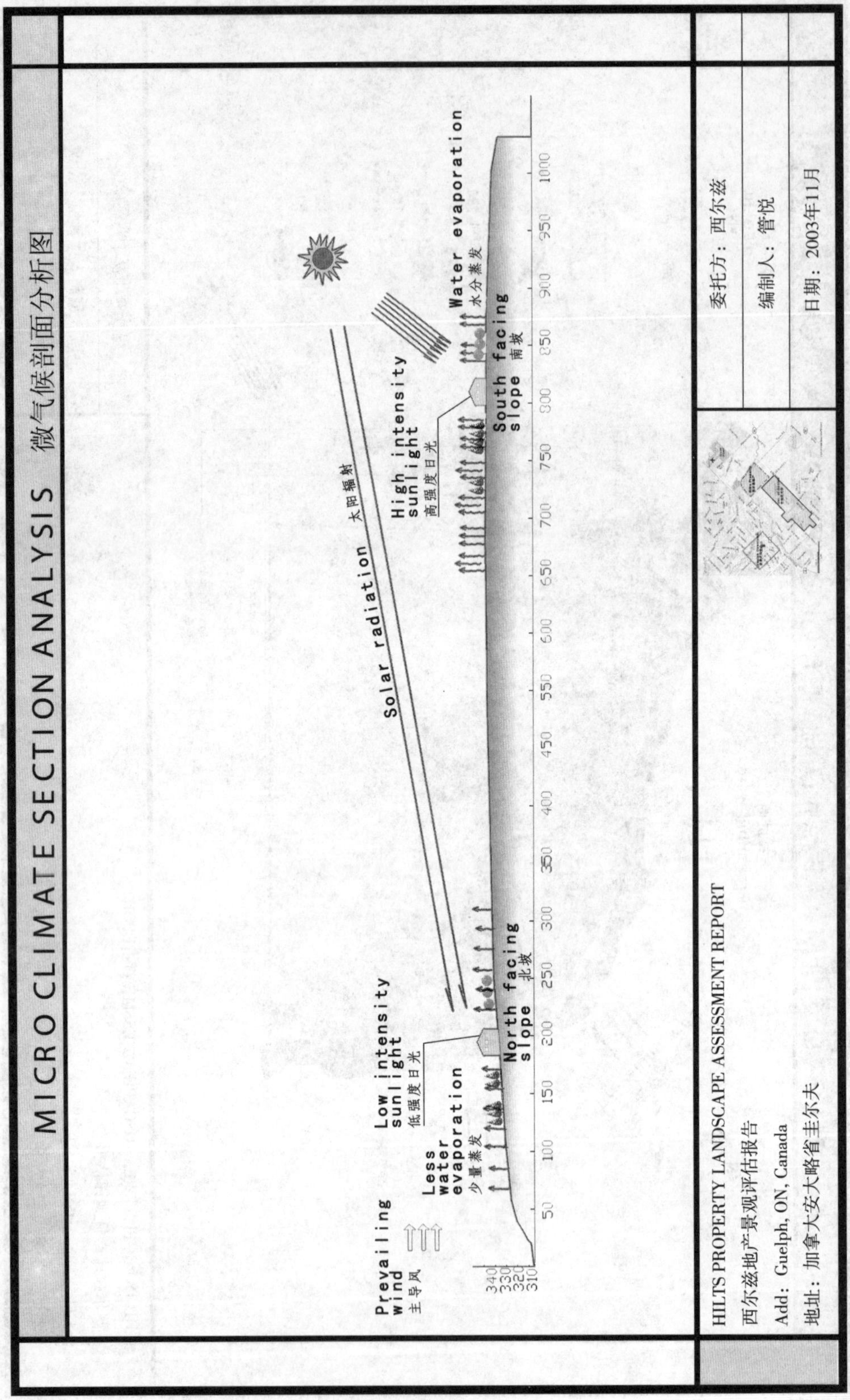
MICRO CLIMATE SECTION ANALYSIS 微气候剖面分析图
Prevailing wind
主导风
Less water evaporation
少量蒸发
Low intensity sunlight
低强度日光
North facing slope
北坡
Solar radiation
太阳辐射
High intensity sunlight
高强度日光
South facing slope
南坡
Water evaporation
水分蒸发
340
330
320
310
50
100
150
200
250
300
350
400
450
550
600
650
700
750
800
850
900
950
1000
HILTS PROPERTY LANDSCAPE ASSESSMENT REPORT
西尔兹地产景观评估报告
Add：Guelph, ON, Canada
地址：加拿大安大略省圭尔夫
委托方：西尔兹
编制人：管悦
日期：2003年11月

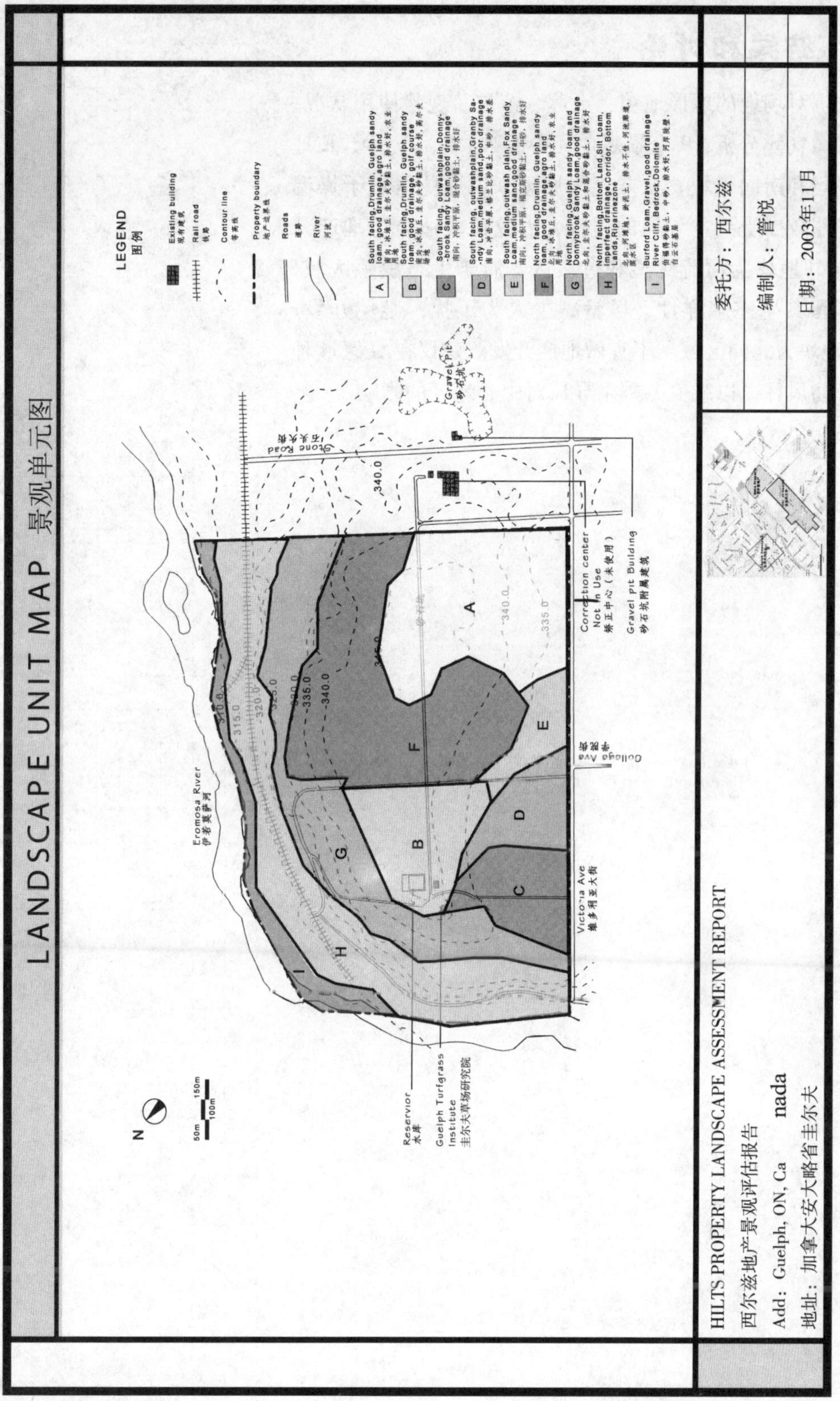
LANDSCAPE UNIT MAP 景观单元图
LEGEND
图例
Existing building 现有建筑
Rail road 铁路
Contour line 等高线
Property boundary 地产边界线
Roads 道路
River 河流
A South facing,Drumlin, Guelph sandy loam, good drainage,agro land
B South facing,Drumlin, Guelph sandy loam, good drainage, golf course
C South facing, outwashplain,Donny-brook Sandy Loam,good drainage
D South facing, outwashplain,Granby Sandy Loam,medium sand,poor drainage
E South facing,outwash plain,Fox Sandy Loam,medium sand,good drainage
F North facing,Drumlin, Guelph sandy loam, good drainage,agro land
G North facing,Guelph sandy loam and Donnybrook Sandy Loam,good drainage
H North facing,Bottom Land,Silt Loam, Imperfect drainage,Corridor, Bottom Lands,Riparinezone
I Burford Loam,Gravel,good drainage River Cliff, Bedrock,Dolomite
Eromosa River 伊若莫萨河
Stone Road 石头大街
Gravel Pit 砂石坑
Correction center Not in Use 矫正中心（未使用）
Gravel pit Building 砂石坑附属建筑
Victoria Ave 维多利亚大街
Reservior 水库
Guelph Turfgrass Institute 圭尔夫草场研究院
N
50m 100m 150m
HILTS PROPERTY LANDSCAPE ASSESSMENT REPORT
西尔兹地产景观评估报告
Add：Guelph, ON, Canada
地址：加拿大安大略省圭尔夫
委托方：西尔兹
编制人：管悦
日期：2003年11月

3.0 结果和讨论

根据对场地的地形地貌、土壤、植被、现状使用状况、水文和微气候分析，9 个景观单元中的 A、B、C、D、E 地块为平坦和南向地块，从微气候原理来说这些区域干燥温暖，冬季较少受到主导风的侵扰，因此比较适合于地产开发。H、I 地块为河流廊道和过渡区，属于生态敏感区域，应该保留其生态多样性，尽量减少人为干扰，避免开发。F、G 地块为北向区域，不宜做地产开发。建议在 G 区域种植针叶防风林，以减少冬季主导风对中心地区的影响。

4.0　参考书目

· Brown, Robert D. (2003) *Landscape Assessment for Planning and Design Seeing the Landscape again for the First Time.*

· Brown, Robert D. and Gillesespie, Terry J. (1995). *Microclimatic Landscape Design. New York John Wiley & sons, Inc.*

· Canada Department of Agriculture, Ottawa. (1962). *Soil Map of Willington country Ontario South Ontario sheet.*

· Guelph Turfgrass Institute (1994). *Soils Maps* 4.

· Ministry of Natural Resources. *Ontario Base Map.*

· Northway Photomap. Inc. (2002). *Air photos of Guelph.*

· *Pleistocene Geology of Guelph area, south Ontario* 1963

5.0 附录

附图1 圭尔夫航拍照片。Northway 影像公司，2002年

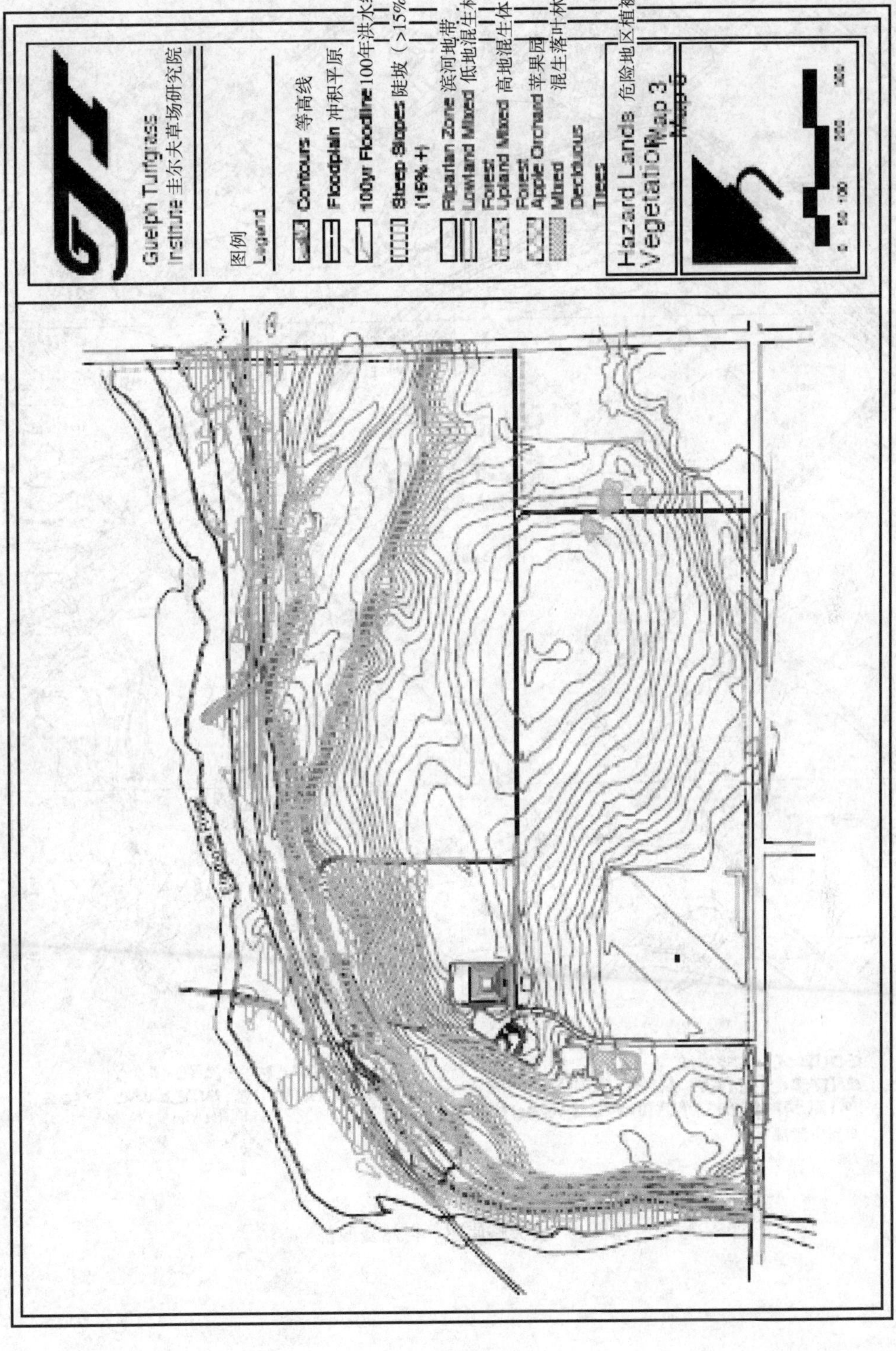

附图2　圭尔夫草场研究院植被现状图

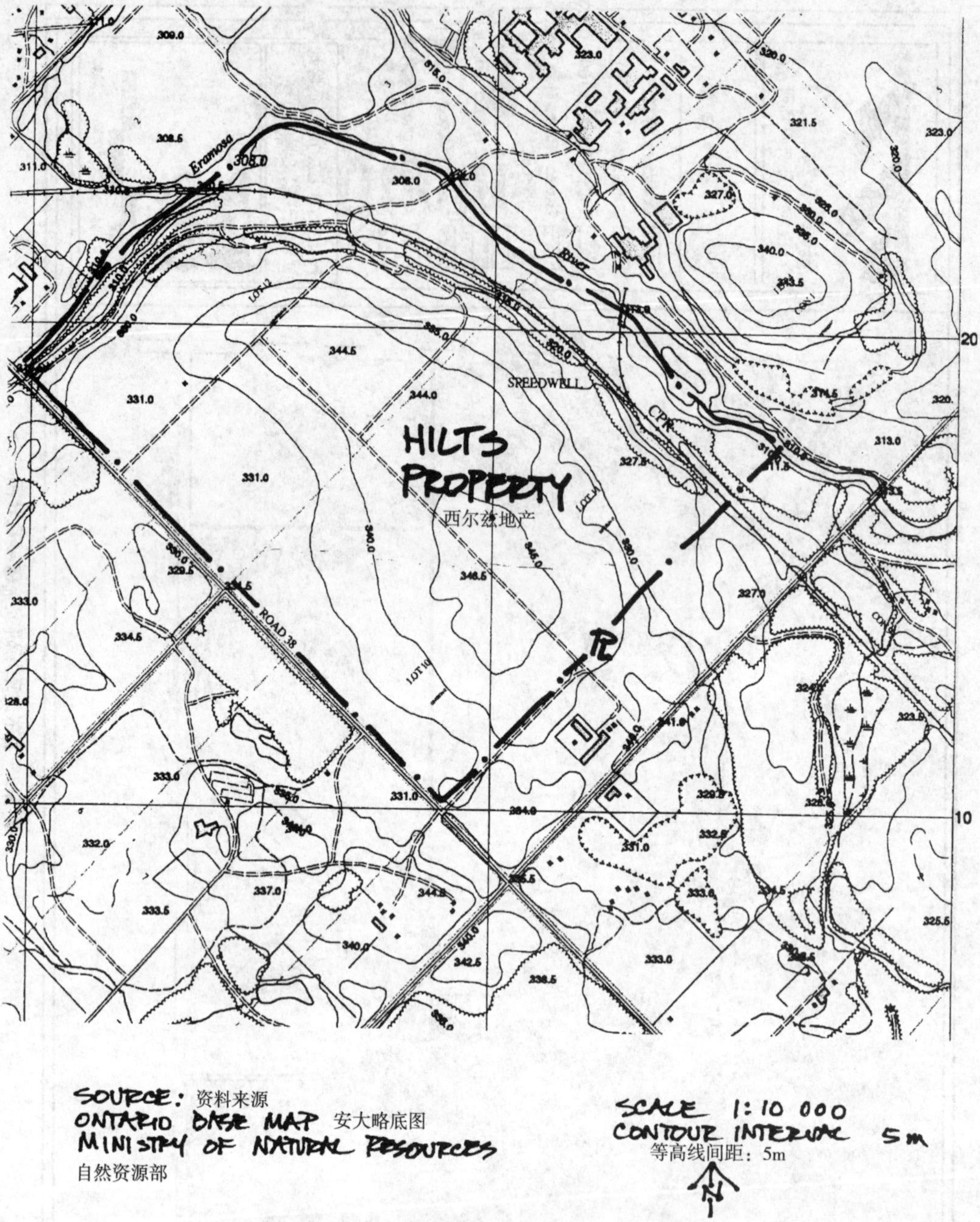

附图 3　安大略底图。自然资源部

第六章　结语

景观评估是景观设计的基础。它是景观设计师熟悉场地和传达他们的专业知识的过程。景观评估也是提出设计建议的基础。要记住通常来说景观设计师不能决定场地的用途。景观设计师只是为场地的所有者或者是被推选出来的土地使用决策者提供建议。因此这些建议一定要有理有据，否则它们就不会被实施。

让你的工作尽可能让人无可辩驳。把场地描绘清楚以便决策者可以充分理解这块场地中的重要部分，并且清楚地体会到你为场地的使用提供了非常适宜的建议。运用景观设计师的所有专业知识和技巧来增强你的工作成果。应用图像和文字表达技巧使内容清晰漂亮，来说明为什么某些使用建议更适于场地。提出有创意和想象力的，有益于决策者、自然景观和公众利益的设计建议。

后　记

对于景观设计和规划师而言，充分地了解场地是完成一个优秀设计的基础。美国著名的景观规划大师伊恩·L·麦克哈格曾经说：“每一块土地的价值都是由其内在的自然属性所决定的，人的活动只能是认识这些价值并适应它，只有适应了才有健康和舒适，才会有生物和人的进化和创造力，才有最大的效益。”这段话精辟地阐述了理解场地在设计和规划中的作用。它说明如果没有对场地的深入认识，任何设计和规划都只不过是纸上谈兵，都可能是有悖场地价值和特性的低劣设计。

景观评估就是这样一个系统地了解和分析场地的过程，它通过对景观中各种基本组成元素的特点进行描述和分析，挖掘出场地的关键特质，从而回答：“这里能做什么？不能做什么？怎么做才是最合理的？”它使得设计和规划不再是停留在夸夸其谈的空想和对形式片面追求的层面，而是投身于对场地实际问题的解决。更重要的是，它把景观使用者的视野拓宽到所有景观的组成元素，从而引导一个可持续的、全面的和健康的发展模式。

本书是加拿大著名的圭尔夫大学（University of Guelph）景观系的教学用书。本书中文版是根据英文版的第二版和第三版编译而成。为适合中国读者的阅读习惯，经原作者同意，对书中部分内容做了调整。另外，本书中文版增添了由笔者撰写的“景观评估范例”部分（该部分曾为圭尔夫大学课程项目之一，由布朗博士指导，笔者完成）。

作者罗伯特·布朗博士为加拿大圭尔夫大学资深教授，从事教学工作二十余年，现任加拿大景观设计师协会景观学术委员会主席，美国景观设计师协会会员和加拿大景观设计师协会会员，他同时还担任《景观研究》、《景观和城市规划》及《可持续性科学》三个世界性刊物的顾问委员。

本书的翻译出版凝聚了众多人的心血。首先要感谢原作者罗伯特·布朗教授在整个过程中对相关翻译问题的耐心讲解，使得这本书可以以最真实而准确的面目呈现在中国读者面前。由衷感激北京大学景观建筑学院的俞孔坚教授和李迪华教授以业内权威的眼光积极推荐本书，感谢中国建筑工业出版社的董苏华老师在整个翻译出版过程中的帮助，还要感谢狄华女士对我完成本书的理解和支持。

管　悦

2009 年 7 月于北京